Konrad Stöckel
Wie man mit AC/DC das Licht ausmacht

PIPER

Zu diesem Buch

Schon als Kind hat Konrad Stöckel seinen Teddys neue Gliedmaßen transplantiert oder mit Gartenzwerg-Sprengungen für großes Hallo in der Nachbarschaft gesorgt. Alles, was er in die kleinen dicken Fingerchen bekam, wurde im kindlichen Dienst der Wissenschaft auseinandergenommen oder auf spektakuläre Art kaputtgemacht – und das hat sich bis heute nicht geändert.

Mittlerweile geht er seinem Forscherdrang vor Publikum und im Fernsehen nach. Dieses Buch enthält die Höhepunkte seines Treibens und zeigt die spannendsten Weltwunder zum Nachlesen, Nachmachen und Selberstaunen.

Der Wissenschaftsexperte und TV-Comedian *Konrad Stöckel* ist begeisterter Kuriositätensammler, waschechter Zauberer und Verrückte-Dinge-Tester. Er führt seit vielen Jahren in seinen Live-Shows und in TV-Sendungen wie »ARD Ratgeber Technik« (ARD), »Plietsch« (NDR), »Nightwash« (WDR), »Clever!« (Sat.1) und dem »Quatsch Comedy Club« (ProSieben) kuriose Experimente und genauso gefährliche wie lustige Selbstversuche vor und erklärt witzig und einprägsam naturwissenschaftliche Zusammenhänge.

Konrad Stöckel

WIE MAN MIT AC/DC DAS LICHT AUSMACHT

Und andere Weltwunder des Wissens

Piper München Zürich

Mehr über unsere Autoren und Bücher:
www.piper.de

MIX
Papier aus verantwortungsvollen Quellen
FSC® C083411

Originalausgabe
Piper Verlag GmbH, München
November 2013
Umschlaggestaltung: semper smile, München
Umschlagabbildung: Konrad Stöckel, shutterstock
Satz: Greiner & Reichel, Köln
Gesetzt aus der Chaparral Pro
Papier: Munken Print von Arctic Paper Munkedals AB, Schweden
Druck und Bindung: CPI – Ebner & Spiegel, Ulm
Printed in Germany ISBN 978-3-492-30432-0

INHALT

VORWORT 11

1 WISSENSCHAFT UND ZAUBERKUNST 13

2 DIE PRÄSENTATION 20

WISSENSCHAFT ALS ZAUBERTRICK 29
3 DER GUMMIBAND-SPRUNG

EXPERIMENT 32
4 BOOM – DER GROSSE KNALL, ODER:
DIE IMPLODIERENDE TONNE

ERSTUNKEN UND ERLOGEN 36
5 REINKARNATION VON FRISUREN

SELTSAME ERFINDUNGEN 38
6 WAS IST CHINDOGU?
UND WER BRAUCHT DIE WADENWASCHMASCHINE?

FORSCHUNG AUF ABWEGEN 40
7 LEICHTES ÜBERGEWICHT IST GESUND

ERSTUNKEN UND ERLOGEN 44
8 DIE ORIGINAL KONRAD-STÖCKEL-GEGENDIÄT ®

EXPERIMENT 47
9 WIE MAN MIT SCHOKOLADE DIE ZEIT MISST, ODER:
DAS DUNKLE GEHEIMNIS DER KALORIENTABELLE

EXPERIMENT 51
10 WIR BIEGEN DEN LASERSTRAHL

WISSENSCHAFT ALS ZAUBERTRICK 54
11 STARK WIE EIN HULK, ODER:
WIE MAN MIT BLOSSEN HÄNDEN
PAKETSCHNUR ZERREISST

KONRADS FAMOSE HAUSHALTTIPPS 57
12 DER SPÜLSCHWAMM IN DER MIKROWELLE

EXPERIMENT 60
13 DIE BESTE RAKETE MEINER KINDHEIT

ERSTUNKEN UND ERLOGEN 63
14 FUNKTIONELLE STÖRUNGEN DES NEONAZIGEHIRNS

WISSENSCHAFT ALS ZAUBERTRICK 65
15 MEIN ERSTER ZAUBERTRICK

SELTSAME ERFINDUNGEN 68
16 DAS FLOATING DEVICE

EXPERIMENT 70
17 DIE BIERFONTÄNE

WISSENSCHAFT ALS ZAUBERTRICK 73
18 RAUCH AUF UNSEREN FINGERN, ODER:
DIE MENSCHLICHE FACKEL – THE BEGINNING

KONRADS FAMOSE HAUSHALTTIPPS 76
19 WASSER MARSCH!

FORSCHUNG AUF ABWEGEN 78
20 NACKTE FINNEN

SELTSAME ERFINDUNGEN 80
21 DER WASSERDICHTE TEEBEUTEL

KONRAD TESTET 82
22 KONRAD IM WINDKANAL

EXPERIMENT 87
23 WARUM EXPLODIERT HAUSSTAUB?
WIESO NIESEN WIR?
WIE FUNKTIONIERT FEUERSPUCKEN?

ERSTUNKEN UND ERLOGEN 91
24 NUTZLOSE TIER- UND PFLANZENARTEN –
EVOLUTION AUF DEM HOLZWEG

WISSENSCHAFT ALS ZAUBERTRICK 93
25 MAGISCHER SAND

KONRADS FAMOSE HAUSHALTTIPPS 97
26 DER PASTA-FIDIBUS

SELTSAME ERFINDUNGEN 98
27 DER WURSTKATAPULTGRILL

28 DER SCHÜLER UND DIE BAROMETERFRAGE 100

EXPERIMENT 103
29 *GHOSTBUSTERS II*, ODER:
DER BÖSE SCHLEIM, DER SICH BEWEGT

EXPERIMENT 106
30 DER EINFACHSTE MOTOR DER WELT

ERSTUNKEN UND ERLOGEN 109
31 UNKONZENTRIERTE KINDER DURCH VERWIRRENDE LEKTÜRE

WISSENSCHAFT ALS ZAUBERTRICK 111
32 DER FLAMMENTOD, ODER: KERZEN LÖSCHEN MIT MAGIE

KONRADS FAMOSE HAUSHALTTIPPS 115
33 IPHONE-SPEAKER FÜR DEN NOTFALL

EXPERIMENT 117
34 SCHWERELOS!

WISSENSCHAFT ALS ZAUBERTRICK 121
35 DER KALTE HAUCH DES TODES, ODER: EIN BIER GEFRIERT IN SEKUNDEN

KONRADS FAMOSE HAUSHALTTIPPS 124
36 NIE WIEDER FARBE VERKLECKERN

EXPERIMENT 126
37 ELEFANTENZAHNPASTA

ERSTUNKEN UND ERLOGEN 128
38 NEUE STRATEGIEN GEGEN DEN TERROR

WISSENSCHAFT ALS ZAUBERTRICK 131
39 UNBRENNBARE HAUT, ODER: WER IST DER HARTE AUF DER PARTY?

EXPERIMENT 134
40 EIS IN WENIGEN SEKUNDEN

FORSCHUNG AUF ABWEGEN 137
41 KANN MAN SEIN GESICHT VERLIEREN?

EXPERIMENT 139
42 WIE MAN MIT AC/DC DAS LICHT AUSMACHT

WISSENSCHAFT ALS ZAUBERTRICK 143
43 ÜBERSINNLICH? VON WEGEN! – VOM MISSBRAUCH DER MENTALMAGIE

KONRADS FAMOSE HAUSHALTTIPPS 152
44 CHIPSTÜTEN VERSCHLIESSEN OHNE ALLES

EXPERIMENT 154
45 KEIN HAMMER? NIMM DIE BANANE!

EXPERIMENT 156
46 EIN EI SCHLÄGT SALTO, ODER:
WAS KLEINE KINDER GLÜCKLICH MACHT

EXPERIMENT 158
47 WARUM JESUS ÜBERS WASSER GEHEN KONNTE

WISSENSCHAFT ALS ZAUBERTRICK 161
48 ZEICHEN AUF DER HAUT

KONRADS FAMOSE HAUSHALTTIPPS 165
49 DIE BABYBEL-KERZE

ERSTUNKEN UND ERLOGEN 167
50 BRINGT DIE FENG-SHUI-BOMBE
DEN WELTFRIEDEN?

KONRAD TESTET 170
51 DIE RICHTIGE FÜR MICH

EXPERIMENT 174
52 WIE BAUE ICH EINE NINJA-BOMBE?

ERSTUNKEN UND ERLOGEN 178
53 DAS RÄTSEL DER VERSCHOLLENEN SPORTLER

KONRADS FAMOSE HAUSHALTTIPPS 181
54 EIERTRENNEN NACH DER STÖCKEL-METHODE

WISSENSCHAFT ALS ZAUBERTRICK 183
55 DER HOLZKLOTZ

EXPERIMENT 186
56 DICKE KINDER UND FLIEHKRAFT –
ZWEI WELTEN PRALLEN AUFEINANDER

KONRADS FAMOSE HAUSHALTTIPPS 190
57 WIR BAUEN UNS EIN KEHRBLECH

FORSCHUNG AUF ABWEGEN 192
58 DER LANGE ATEM DER GESCHICHTE

EXPERIMENT 194
59 WHISKEY ZU WASSER

WISSENSCHAFT ALS ZAUBERTRICK 196
60 SCHÖN SIMPLE BALLONTRICKS, ODER:
WIE MAN EINE SHOW IN ZEHN MINUTEN ERFINDET

KONRADS FAMOSE HAUSHALTTIPPS 204
61 KLEINES WASCHBECKEN, GROSSER EIMER,
SCHLAUES KEHRBLECH

EXPERIMENT 205
62 DIE KERZENWIPPE

ERSTUNKEN UND ERLOGEN 208
63 DIE ERSCHEINUNGEN VON HANNOVERSCH MÜNDEN

EXPERIMENT 210
64 WARUM EIGENTLICH ZÄHNE PUTZEN?

WISSENSCHAFT ALS ZAUBERTRICK 213
65 DER VERSCHWINDENDE ZAUBERSTAB

EXPERIMENT 216
66 DAS EI DER VERSÖHNUNG

SELTSAME ERFINDUNGEN 218
67 DER BABY-WISCHMOPP

EXPERIMENT 220
68 DIE PHARAOSCHLANGE, ODER:
ERINNERUNGEN AN SILVESTER

ERSTUNKEN UND ERLOGEN 223
69 LEGTEN UNSERE VORFAHREN EIER?

SELTSAME ERFINDUNGEN 225
70 DAS SCHLACHTER-YO-YO

EXPERIMENT 227
71 BERNOULLI, DER SCHNULLI, ODER:
VIEL WIND UM NICHTS

KONRADS FAMOSE HAUSHALTTIPPS 232
72 LADEGERÄT VERGESSEN?

EXPERIMENT 234
73 UNTER DRUCK HILFT UNTERDRUCK!

WISSENSCHAFT ALS ZAUBERTRICK 238
74 EIN ROSENBLATT WIRD ZUM EI

ERSTUNKEN UND ERLOGEN 242
75 DER PRÄHISTORISCHE KOSMETIKSALON

EXPERIMENT 245
76 DER UNSICHTBARE KOPFHÖRER

77 DIE GEFÄHRLICHSTEN SEITEN DES BUCHES 250

DANK 259

VORWORT
TAUSEND SENSATIONEN – EIN BUCH

Schon als Kind habe ich meinen Teddys neue Gliedmaßen transplantiert oder mit Gartenzwerg-Sprengungen für großes Hallo in der Nachbarschaft gesorgt. Alles, was ich in die kleinen dicken Fingerchen bekam, wurde im kindlichen Dienst der Wissenschaft auseinandergenommen oder auf spektakuläre Art kaputt gemacht – und das hat sich bis heute nicht geändert.

Mittlerweile bin ich so schön und beliebt, dass ich meinem Forscherdrang vor Publikum und manchmal auch im Fernsehen nachgehen darf. Dieses Buch enthält die Höhepunkte meines Treibens und zeigt meine spannendsten Weltwunder zum Nachlesen, Nachmachen und Selberstaunen.

Ganz besonders dürfen Sie sich über **Experimente** freuen, mit denen Sie wahlweise Ihre Freunde beeindrucken oder die Wohnung in Schutt und Asche legen können. Also Vorsicht: Einige der Versuche sind wirklich gefährlich! Die Erfahrung zeigt, dass erwachsene Männer schnell zu Kindern werden, sobald es rumst, blitzt oder brennt, also gebe ich entsprechende Warnhinweise. Bitte unbedingt ernst nehmen, denn wenn der Finger erst mal ab ist, ist das Geschrei wieder groß!

Dass Wissenschaft keine trockene Materie ist, sehen Sie auch unter dem Motto »**Forschung auf Abwegen**«. Was ich zu berichten habe, ist oftmals kaum zu glauben – aber immer wahr! Bei den Quellenangaben werden die wissenschaftlichen Standards aber hübsch ignoriert, denn schließlich ist das hier keine Doktorarbeit. Da Forschung hochgradig phantasieanregend ist, erlaube ich mir, auch solche Ergebnisse zu präsentieren, die eher wissenschaftliche Spekulationen darstellen. Genauer gesagt, sind sie **erstunken und erlogen**. Mit anderen Worten: Viel Spaß!

Das war natürlich noch nicht alles – denn ich habe für Sie noch sinnlose, sinnvolle, verrückte und seltsame Erfindungen, die ich teilweise selber ertüftelt habe. Man glaubt ja gar nicht, womit sich intelligente Menschen beschäftigen, wenn der Tag lang ist. Dagegen sind **Konrads famose Haushaltstipps** tatsächlich nützlich, denn hier können Sie lernen, wie Sie mit einfachsten Mitteln typische Alltagsprobleme lösen.

Als Bühnenzauberer werde ich Sie auch in die Magie einführen und präsentiere **Wissenschaft als Zaubertrick**: Illusionen, für die Sie im Mittelalter noch verbrannt worden wären. Meine Zaubererkollegen werden mich für den Verrat hassen – aber Sie sind es mir einfach wert. Überraschenderweise geht es fast immer nur um Physik, Chemie und ein wenig Psychologie.

Dass Sie dieses Buch lesen können, ist übrigens gleich ein doppelter Glücksfall. Erstens, weil es ein natürlich sehr gutes Buch ist :-). Und zweitens, weil ich hin und wieder auch mit meinem Leben und meiner Gesundheit gespielt habe, siehe Kapitel »Konrad testet«. Gleich vorweg: Es ist ja noch mal gut gegangen.

Und jetzt werfe ich eine Handvoll Konfetti und rufe: STIMMUNG!!!

Ihr Konrad Stöckel

1

WISSENSCHAFT UND ZAUBERKUNST

ACHTUNG, PHYSIKUNTERRICHT KANN NEUGIERDE TÖTEN

Als Schüler war ich keine große Leuchte. Das lag wohl daran, dass ich die Methoden der Lehrer nur allzu gut kannte, denn auch nach der Schule hatte ich Kontakt zu Lehrern – ich durfte sie »Mutti« und »Vati« nennen. Nicht dass Sie mich falsch verstehen, ich bin bis heute ganz glücklich mit meinen Eltern. Nur *eventuell* wurde auf die schulische Leistung leicht übersteigerten Wert gelegt, selbst als schon klar war, dass ich eine künstlerische Laufbahn einschlagen würde.

Meine Privatpädagogen kontrollierten penibel sämtliche Hausaufgaben und markierten selbst das kleinste Fehlerchen per dickem Rotstift als Beweis meines Versagens. Und manchmal strichen sie das Ergebnis meiner Arbeit einfach so durch. Ich hatte zwar keine Fehler gemacht, aber es sah irgendwie unordentlich aus. Das hieß: Alles noch mal in Schönschrift (und das mit meinen dicken Fingerchen!). Meistens musste mein Vater den bösen Mann spielen, wenn es mal wieder in der Schule kriselte. Stundenlang wurde mir das unwerte Wissen regelrecht eingebläut, was unsere Beziehung auf eine wirklich harte Probe stellte. Auch das Verhältnis zu meinen Geschwistern litt unter dem Lernterror, denn die sahen natürlich nicht, dass ich mich quälte und viel lieber mit meinen Freunden fröhlich um die Häuser ziehen wollte. Sie sahen nur, wie unser Vater mir Zeit und Aufmerksamkeit schenkte – Aufmerksamkeit, die ich nie wollte und die meine Geschwister nicht brauchten, die alten Lernstreber. Nun ja, heute begreife ich die häusliche Nachhilfe als ein großes Plus. Ich fühlte mich von meinen Eltern immer ernst genommen, und sie opferten viel Zeit für mich. Genau das fehlte mir bei den Lehrern in der Schule. Alle guten Pädagogen sollen sich jetzt bitte nicht angesprochen fühlen, aber mit meiner Schule hatte ich wahrlich die Arschkarte gezogen.

Zum Glück begann ich mit zehn Jahren, mich ernsthaft für die Zauberkunst zu interessieren. Endlich hatte ich Erfolg und bekam von meinem Publikum die Aufmerksamkeit, die ich in der Schule vermisste. Dagegen habe ich das meiste Schulwissen mit der Zeit vergessen oder aktiv verdrängt. Warum eigentlich? Heute bin ich froh, wenn ich etwas lernen kann, und ich finde Wissenschaft unglaublich prickelnd. Ich glaube, die Antwort lautet Spaß. Als Comedian, Zauberkünstler und Tausendsassa sowie Aufschneider und Prahlhannes konnte ich mir den großen Luxus leisten, nie mit Streichen, Späßen, Experimenten und Blödsinn aufhören zu müssen. Ich erlebe ständig Neues, muss immer wieder Herausforderungen meistern, und das Spielen hat nie aufgehört. Wie man auch an diesem chaotischen Buch sieht.

Ein Beispiel, das meinen Hass auf die Schule beschreibt, gefällig? Antworten Sie nicht, ich schreibe es sowieso. Mit 14 Jahren machte ich mit der Klasse einen Schulausflug. Und wo sollte es hingehen? In ein fernes Land? Zu unerforschten Stätten? Abenteuer hautnah erleben? Nein, wir machten einen Ausflug zum Kernkraftwerk Brunsbüttel. Wirklich toll. Der Super-GAU von Tschernobyl war gerade mal ein paar Jahre her – ein ganzer Sommer, ohne draußen spielen zu dürfen. Mein Kumpel Paul und ich entschlossen uns zu einem stillen Protest: Vor Antritt der Fahrt beschrifteten wir Zettel mit den Sprüchen »Atomstrom, nein danke!« sowie »Mein Strom kommt aus der Steckdose!« und klebten sie mit doppelseitigem Klebeband auf unsere Hemden. Alle Mann in den Bus, die Tour kann starten! Doch wir fuhren nicht ab. Unser Lehrer hatte beim Schulleiter gepetzt, der auch gleich mit hochrotem Kopf im Bus erschien. Er stellte uns vor die Wahl, entweder die Schilder zu entfernen oder aus dem Bus zu steigen und am Unterricht der Nachbarklasse teilzunehmen. Pest oder Cholera? Bis heute ärgere ich mich darüber, dass wir die Protestbotschaften entfernt haben ... aber was tut man nicht alles, um einen Tag lang der doofen Schule zu entfliehen. Mein Revoluzzerpotenzial war wohl noch nicht voll entwickelt.

Nachdem kritisches Denken und die eigene Meinung abgegeben waren, ging es endlich los. Im Kernkraftwerk angekommen, wurde die Kinderverarsche dann nahtlos fortgesetzt. Erst mussten wir auf ein Generator-Fahrrad steigen und selber Strom erzeugen, damit wir mal sahen, wie schwer das ist. Anschließend durften wir mit einem Geigerzähler erst einen normalen und danach einen schwach radioaktiven Gegenstand austickern. Aus heutiger Sicht auch ein wenig komisch, dass uns Kindern strahlende Dinge in die Hand gedrückt wurden, selbst wenn die Strahlung gering war. Am interessantesten finde ich aber, wie sehr sich die Leute vor Ort anstrengten, die Atomenergie als gut, harmlos und vor allem alternativlos darzustellen: »Wenn man volle Power auf dem Fahrrad fährt, kann man gerade mal ein Radio antreiben. Stellt euch vor, ganz Deutschland müsste für sämtliche Maschinen den lieben langen Tag Strom treten. Jahaa! Das verhindert nur unsere Atomenergie!« Das Thema alternative Energiequellen war natürlich kein Thema, ebenso wenig wie die Frage der Sicherheit.

Egal, zurück zu den Fächern Physik und Chemie.

Als schulische Komplettniete stellte ich mich auch hier ziemlich doof an. Heute wissen wir ja alle, dass im Schulsystem dringend Reformen stattfinden müssten. Ich habe das schon als Kind geahnt, denn der Unterricht in diesen beiden Fächern war sehr theoretisch. Es gab nicht genug Geld für Versuche, die uns Kids tatsächlich begeisterten, also war die Lernatmosphäre eher staubtrocken bis eisig. Ich langweilte mich, obwohl mein Hobby, die Zauberkunst, sehr nah mit dem Wissen dieser Fachbereiche verknüpft ist – schon seit Jahrhunderten.

Meine Lehrer hätten lediglich mal einen Blick in die Geschichte werfen müssen, auf die damaligen »Wunder«. Die beruhten natürlich auch nur auf einfachen physikalischen Gesetzen, doch die Zaubereien bewirkten bei naturwissenschaftlich ungebildeten Menschen Ehrfurcht und Erstaunen. Einige Beispiele:

Der Pythagoreische Becher

Dieser Becher sollte gierige Menschen Bescheidenheit lehren, einer Legende nach handelte es sich dabei um die Bauarbeiter der Wasserversorgung auf der Insel Samos. Pythagoras von Samos sorgte sich 60 v. Chr. um den großen Weinkonsum seiner Handwerker. Vermutlich übersahen sie zu oft den fehlenden Gullideckel und plumpsten dann voll wie zehn Russen in die Kanalisation – aber das ist nur meine persönliche Theorie. Der schlaue Herr Pythagoras konstruierte also ein Trinkgefäß (auch als »Becher der Gerechtigkeit« bekannt), das durstigen Arbeitern geschickt das unmäßige Saufen verhagelte. Der Becher ist so konstruiert, dass man ihn nur bis zu einer bestimmten Höhe befüllen kann. Wird die Marke aus purer Gier überschritten, läuft der gesamte Inhalt unten aus dem Glas heraus und auf den Schoß des Trinkers. Nach dieser Geschichte lautet der Satz des Pythagoras also nicht »$a^2 + b^2 = c^2$«, sondern »Sauft nicht so viel«.

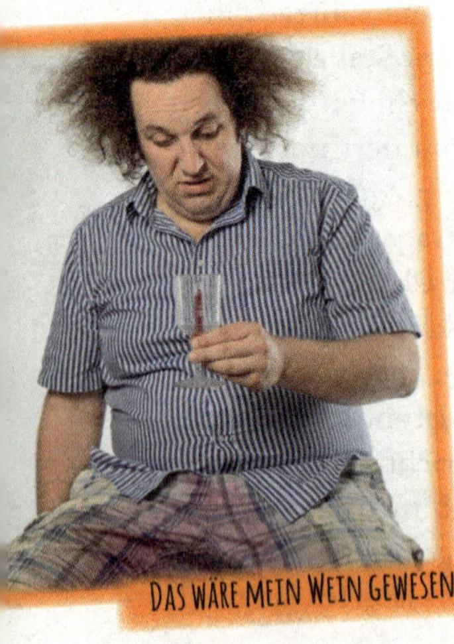

DAS WÄRE MEIN WEIN GEWESEN!

Das antialkoholische Gefäß sieht aus wie ein normales Weinglas, jedoch verfügt es über eine Mittelsäule. Diese Säule hat unten eine Öffnung, in die der Wein beim Eingießen eindringt. Mit dem Flüssigkeitspegel steigt auch der Wein in der Säule durch ein dünnes Röhrchen. Das geht so lange gut, bis der Wein im Mittelrohr oben die Verbindung zu einem zweiten Röhrchen trifft. Dieses zweite Rohr ist praktisch ein Fallrohr, das die Flüssigkeit direkt nach unten durch den hohlen Stiel laufen lässt. Tragisch für den Trinker: Durch den hydrostatischen Druck wird der gesamte Inhalt aus dem Glas gesaugt.

Dieses Prinzip nutzt man übrigens seit Jahrhunderten, um Wein aus höher liegenden Fässern in Gefäße zu füllen. Auch versierte Treibstoffdiebe haben das Saugheberprinzip für sich entdeckt. Wie mir jüngst ein Angestellter einer Hamburger Autovermietung berichtete, wurden in einer Nacht über 20 Lkws auf diese Weise von ihrer Treibstofflast befreit. Die Halunken steckten 20-Mal einen Schlauch in den Tank, saugten daran und hielten ihn nach unten in einen Kanister. Als der Diesel die höchste Stelle des Schlauches passiert hatte, wurde der daraufhin entstandene Unterdruck zum kriminellen Komplizen und saugte den kompletten Sprit aus dem Tank.

Der Bechertrick aus dem Jahr 60 v. Chr. scheint alt zu sein – aber werfen wir mal einen Blick in noch frühere Zeiten. Aus der Epoche der ägyptischen Hochkultur sind viele physikalische Zaubertricks überliefert, die von Priestern dargeboten wurden. Die Priester waren nicht nur Hüter der Religion, sondern auch Träger des naturwissenschaftlichen Wissens, und sie hatten keine Skrupel, ihr Wissen für Tricks auszunutzen. Die Gläubigen sollten schließlich noch gläubiger werden und ihre Götter noch inniger vergöttern.

Der geheimnisvolle Altar

GEHEIMNISVOLLER ALTAR MIT AUFBAU

Dieses »Wunder« funktionierte folgendermaßen: Nach dem Anzünden des Opferfeuers auf dem Altartisch, nach etwas Hokuspokus, Tanz und Gesang fing eine Statue an, Wein zu speien, der als Opfergabe in das Feuer tropfte (oder doch ins Glas des Priesters?). Selbstverständlich basiert der Trick auf der Wärmeausdehnung. Der Altar ist mittels eines Rohres mit der Statue verbunden. Unter dem Feuer befindet sich ein weingefüllter Behälter; durch das Feuer dehnt sich die Flüssigkeit aus und steigt durch das Rohr hinauf zur Mundöffnung der Statue. Sie speit, es zischt, alle staunen.

Jetzt kommt ein etwas jüngeres optisches Wunder:

Der Blick durch feste Materie

Bei diesem Trick wurden zwei Rohre so platziert, dass man in einer Linie durch sie hindurchgucken konnte (zumindest sollte man das denken). Meistens fiel der Blick auf eine brennende Kerze. Dann wurde ein undurchsichtiger Gegenstand zwischen die beiden Rohre gestellt, und – oh Wunder! – der Gegenstand schien verschwunden zu sein, denn die Kerze war immer noch zu sehen. Eine höherdimensionale Form der Transparenz? Eine temporäre Immaterialisierung? Der Einfluss geheimnisvoller Mächte? Nein, nur eine simple Anordnung von vier Spiegeln.

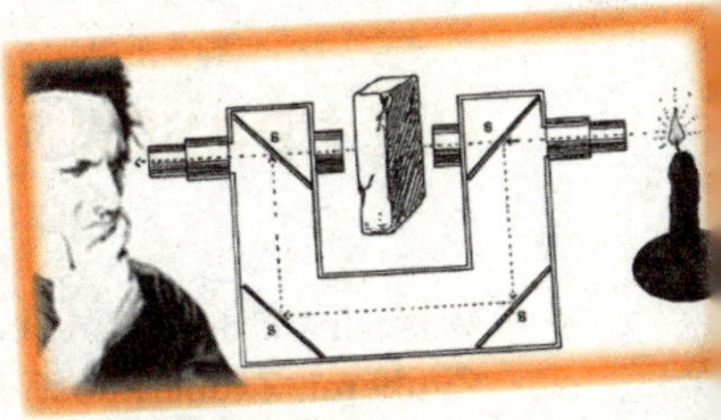

Durch die Spiegel werden die Lichtstrahlen einfach um den festen Gegenstand herumgeleitet (siehe Abbildung). Kleine Schwachstelle: Die Gegenstände, die man »durch« den Apparat sieht, scheinen weiter entfernt, und sie sind etwas dunkler, da bei der Mehrfachreflexion etwas Licht verloren geht. Es bleibt trotzdem ein sehr schöner und beeindruckender Effekt. Falls Sie Lust haben, ihn nachzubauen, empfehle ich den Blick durch einen Stein auf eine leuchtende Glühbirne. Die blendet ja sowieso schon, gleicht damit die fehlende Strahlungsleistung etwas aus und vertuscht somit wirksam das Trickgeheimnis.

Mit solchen Effekten und Wundern hätten die Lehrer mich garantiert gepackt, und ich wäre schnell ein glühender Physik- und Chemiefan geworden. Darum mein Rat an alle Pädagogen: Lernt zaubern! Aber ich will nicht ungerecht sein: Es gibt bestimmt auch viele gute Lehrer, die für Spannung im Unterricht sorgen. Und wer keinen solchen Lehrer hatte, kann das Experimentieren ja jetzt mit diesem Buch nachholen. Vielleicht hatte meine Abneigung gegen die Schule auch ihr Gutes. Womöglich wäre ich sonst Physik- und Chemielehrer geworden und hätte irgendwann versehentlich das Schulgebäude in die Luft gejagt.

2

DIE PRÄSENTATION

Was ich auf der Bühne betreibe, ist pure Augenwischerei. Ob Zauberei, Zauberkunst, Magie – egal, wie man es nennt, gemeint ist die Kunst, durch Tricks unterhaltsame Illusionen entstehen zu lassen (dass einige meiner haarsträubenden Effekte tatsächlich echt sind, lasse ich jetzt mal beiseite). Neben der klassischen Bühnenmagie existieren verschiedene Sparten der Zauberkunst, zum Beispiel die Mikromagie, auch Close-Up-Magie genannt, bei der der Künstler kleine Tricks direkt vor den Augen der Zuschauer zeigt. Ein anderes Beispiel wäre die Mentalmagie.

Strategien der Täuschung

Egal, ob die Illusionen im Großen, im Kleinen oder nur im Kopf erzeugt werden, dahinter steckt stets eine von vielen Techniken: raffinierte Handbewegungen, optische Täuschungen, trickreiche Apparaturen, Psychologie, die Ausnutzung von Wahrnehmungslücken oder der allgemeinen Unkenntnis physikalischer, chemischer oder mathematischer Zusammenhänge. Zaubern ist nur deshalb unterhaltsam, weil das Publikum die erlernten Fingerfertigkeiten und Techniken nicht kennt.

Die Zauberflaute

Wie ich immer wieder erfahren muss, genießt die Zauberei heute bei vielen Erwachsenen kein gutes Ansehen (oder wann haben Sie das letzte Mal eine Zaubershow besucht?). Eigentlich kein Wunder, denn manche Künstler mutieren auf der Bühne zum Ekelpaket, stellen sich über die Zuschauer und zeigen Tricks, bei denen ein Assistent aus dem Publikum vorgeführt wird und sich vorkommt wie der letzte Horst. Außerdem gibt es einfach zu viele schlechte Zauberkünstler, die sich irgendwelche Tricks zusammenkaufen oder aus dem Internet holen und sich über die Präsentation keinen Kopf machen. Leider existiert auch keine gute Zaubershow im deutschen Fernsehen, obwohl wir auch Spitzenzauberkünstler haben. Dagegen laufen im Ausland wirklich gute und erfolgreiche Shows (kleiner Wink mit dem Zaunpfahl für Sender und Produktionsfirmen). Ich hoffe doch sehr, dass Ihnen neben den Experimenten hier im Buch auch die Tricks gefallen. Wenn Sie an Ihrer Präsentation feilen, wird Ihr Publikum garantiert viel Spaß haben, und wer weiß, vielleicht können wir gemeinsam ein neues Interesse fürs Zaubern – und Experimentieren – wecken. Glück auf!

Wie man es nicht macht (und damit manchmal Glück hat)

Das richtige Verkaufen eines Zaubertricks beziehungsweise das Aufpimpen eines wissenschaftlichen Effekts ist ein weites Feld und ein schweres Thema. Selbst mir als Profi gelingt es nicht immer, die Trickhandlung zu verbergen, weil ich mich teilweise sogar unbewusst verrate. Aber ich beginne lieber am Anfang.

Früher als Kind fiedelte ich die Präsentation in Rekordzeit ab: Der Zauberkasten von der Wunschliste lag unterm Weihnachtsbaum, ich riss hastig das Geschenkpapier auf und verstreute den kompletten Inhalt des Kastens auf dem Tisch. Tricks, die ich ohne Anleitung verstand, wurden direkt dem

Publikum vorgeführt, und wenn etwas nicht klappte, kam der nächste Trick zum Einsatz – Hauptsache, der Requisitentisch war reich gedeckt. Wenn ein Trick gut funktionierte, musste mein familiäres Publikum noch stärker leiden, denn die Nummer wurde gnadenlos wieder und wieder vorgeführt, bis sie keine Sau mehr sehen wollte und jeder längst das Geheimnis kannte.

Na gut, in ganz großen Ausnahmefällen kann das auch mal funktionieren. Mir haben Zauber-Stümpereien sogar ein Engagement im Schmidt Theater auf der Hamburger Reeperbahn eingebracht, was meine Profikarriere begründete. Aber wie gesagt: Ich hatte ein Riesenglück. Mit zwölf Jahren nahm ich an der Deutschen Jugendmeisterschaft der Zauberkunst teil, und es ging absolut alles schief. Ich habe es vollbracht, sogar solche Sachen zu vergurken, die unmöglich danebengehen können.

SO SAH ICH DAMALS AUS.
DANKE, IHR MITGEFÜHL TUT MIR GUT.

Gegenstände, die ich magisch erscheinen lassen wollte, fielen vorzeitig aus meinem Jackett, Feuer entzündete sich im Feuertopf früher als erwartet und fackelte die darin geparkten Requisiten ab, und bei einem Trick vergaß ich den echten Regenschirm gegen den falschen ohne Stoffbezug auszutauschen. Also *nix* klappte. Aber – oh Wunder! – trotzdem waren die Zuschauer begeistert. Nicht von den Tricks, nein, von der naiven, unbekümmerten und teils unfreiwillig komischen Präsentation. Damals erkannte ich zwar mein komisches Talent, war aber erst mal nur frustriert, weil kein einziger Trick geklappt hatte.

Hinter der Bühne wartete schon mein Freund, Kollege und

damaliger Mentor Bernhard Wolff. Er stellte mir Corny Littmann und Michael Walz vor. Die beiden leiteten das Schmidt Theater, der eine als Chef, der andere als Booker. Und sie wollten mich tatsächlich engagieren! Also, in echt jetzt! Ich versicherte ihnen, dass die Tricks – wenn es zu einem Engagement käme – selbstverständlich wie am Schnürchen klappen würden, und hob insbesondere meinen unermüdlichen Arbeits- und Probeeifer hervor, doch das interessierte die beiden nicht. Sie wollten keine Darbietung, die anders oder tricktechnisch besser war, sie wollten genau die Nummer, die sie eben gesehen hatten. Ich sollte dieselben völlig schiefgelaufenen Kunststücke wiederholen. Direkt verstanden habe ich es damals nicht, aber nach und nach dämmerte mir, dass es nicht immer auf den Trick ankommt, sondern eben auf die Präsentation.

Deshalb hier mein erster und bester Ratschlag für den Fall, dass etwas schiefgeht: lachen. Denn wenn man über sein eigenes Missgeschick herzhaft und ehrlich lachen kann, ist das schon die halbe Miete. Spaß an der Präsentation sollten Sie ohnehin haben, und wenn Sie freudig erregt sind, müssen Sie wahrscheinlich sowieso lachen. Es ist menschlich, auch mal zu versagen – und das Publikum wird die Ehrlichkeit honorieren, selbst wenn Sie gnadenlos verkackt haben.

Meine Präsentationstipps

Auch auf die Gefahr hin, dass das jetzt etwas lehrbuchmäßig wird: Sie sollten den folgenden Tipps etwas Aufmerksamkeit schenken und überlegen, welche zu Ihnen passen. Wenn Sie dann noch fleißig üben, werden Sie mit der Zeit Ihren ganz eigenen Stil entwickeln.

Der Beginn: Als Erstes sollten Sie sich ein oder zwei Tricks aussuchen, die Ihnen liegen. Entweder gefallen Ihnen die Requisiten oder die Handhabung, oder Sie haben schon eine Präsentationsidee. Jetzt müssen Sie ordentlich trainieren, sodass Sie die Handlung quasi blind beherrschen. Anschließend arbeiten Sie an Ihrem Vortrag, wobei Sie sich überlegen sollten, ob Sie eher der ernsthafte Darsteller sind oder zur Komik neigen. Die Präsentation muss wirklich zu Ihnen passen, denn ein aufgesetzter Vortrag lässt das Publikum kalt. So, und nun üben Sie den Vortrag gemeinsam mit der Trickhandlung.

Der Anfangsknaller: Sie sollten sich gleich zu Beginn des Auftritts die volle Aufmerksamkeit sichern. Ich persönlich starte oft mit einem schnellen Einstiegstrick und schlucke einen langen Luftballon innerhalb von fünf Sekunden. Sie können aber auch einen provokanten Anfangssatz in Ihren Vortrag einbauen. Ihnen wird da schon was einfallen. Vielleicht so was wie: »Wenn bei irgendjemandem das Handy klingelt, wird er sofort auf die Bühne geholt, und wir spielen Zersägte Jungfrau.« Keine Ahnung, mir fällt nichts Besseres ein, darum muss ich ja Luftballons schlucken. Nachdem nun alle Blicke auf Sie gerichtet sind, zeigen Sie den Trick – natürlich bestens vorbereitet –, tun so, als wär's das Selbstverständlichste auf der Welt und freuen sich erst nach der Show ein Loch ins Knie, wenn es gut geklappt hat.

Vorsichtsmaßnahmen: Verraten Sie den Trick nicht – Sie dürfen allerhöchstens eine zarte Andeutung machen, damit die Leute was zum Knobeln haben. Auch ist es unklug, den Trick vorm gleichen Publikum zu wiederholen, da die Zuschauer dann eventuell die Lösung bemerken oder krampfhaft auf den Moment achten, in dem die Trickhandlung vermeintlich passiert. Ein absoluter Stimmungstöter.

Die Kleidung: Das Outfit wird erst dann ein großes Thema, wenn Sie so richtig in die Materie einsteigen und beschließen, ab sofort von der Zauberkunst zu leben (warten Sie bitte noch ein wenig, bevor Sie Ihren alten Job kündigen). Für verschiedene kleine Requisiten braucht man natürlich Taschen. Darum geben andere Zauberkünstler dem Nachwuchs gern den Rat, im Jackett oder sogar im Anzug aufzutreten. Bei jungen Zauberern ist das völliger Quatsch, denn man muss mit 13 Jahren nicht aussehen, als stecke man in einem Konfirmationsanzug (bei mir war es der Hochzeitsanzug meines Vaters).

Kleiner Tipp meinerseits: Eine Cargohose hat auch viele große Taschen und wirkt deutlich cooler. Ich persönlich finde, viele Zauberer sehen mit Glitter und Pailletten einfach miserabel aus, und ein derart unerträgliches Kostüm macht die Darbietung kein Stück besser. Im Gegenteil, wenn Sie schon auftreten wie der große Zampano, dann wirkt der Trick umso kleiner. Wenn Sie aussehen wie ein Normalo, wirken tolle Tricks um einiges überraschender.

DAS TIEFSTAPELN: Früher übte ich jeden Trick, jede Technik, das ganze Gedöns drum herum – und wollte auch alles vorführen, so stolz war ich darauf. Wenn ich zum Beispiel einen Kartentrick vorführte, zeigte ich bereits ganz am Anfang mit zehn perfekt beherrschten Mischmethoden, wo der Frosch die Locken hat. Ein großer Fehler, denn der Trick kommt natürlich nicht mehr so gut an, wenn die Zuschauer wissen, dass ich Karten professionell manipulieren kann. Es ist viel geschickter, schlecht zu mischen und behäbiger zu wirken, denn so ist der Trick weitaus überraschender, so, als wäre ein Wunder geschehen. Bei Bühnenzauberern sieht man manchmal eine schöne Variante dieses Prinzips: Erst sieht es so aus, als wäre eine Nummer in die Hose gegangen, und plötzlich wird daraus ein gelungenes Kunststück, das noch viel besser ist. Diese Vorführweise nennt man übrigens Aufsitzereffekt.

Auswahl einer Assistentin aus dem Publikum: Meiner Erfahrung nach können sich Frauen gut – ja, ich bemühe das Unwort – »verzaubern« lassen. Sie wissen Unterhaltung sehr zu schätzen und können sich genüsslich entspannen. Männer hingegen wollen eher herausfinden, wie der Trick funktioniert, deshalb steigt ihre Anspannung zusehends. Ein junges Pärchen im Publikum erkennt man oft daran, dass sich der Typ andauernd zu seiner Freundin dreht, um ihr zu erklären, was das Geheimnis ist. Ganz egal, ob er es weiß oder nicht – er will um keinen Preis der Unterlegene sein. Zum Glück ändert sich das mit dem Alter und der Feststellung: »Der Mann auf der Bühne hat schließlich ewig geübt, darum ist es nicht schlimm, wenn ich den Trick nicht errate.« Das heißt also für Sie: Treten Sie nur vor Frauen auf! Nein, Quatsch, das können Sie sich ja nicht aussuchen. Aber wenn Ihnen jemand aus dem Publikum assistieren soll, wählen Sie unbedingt eine Frau. Die Wahrscheinlichkeit, dass Sie jemand auf der Bühne vollquatscht, ungefragt die Requisiten antatscht, Ihnen in die Tasche greift oder sich zum Klassenclown macht, geht dann gegen null. Danke, liebe Frauen, dass ihr so seid, wie ihr seid.

Ich empfehle, die Dame aus dem Publikum schnell zu bestimmen und nicht etwa zu fragen, wer Lust habe (das Leben ist schließlich kein Wunschkonzert). Wenn die erste Person sich weigert, auf die Bühne zu kommen, ist das Risiko höher, dass auch die zweite nicht auf die Bühne will. In diesem Fall helfen nur noch unelegante Bühnentechniken, zum Beispiel die Person mit dem Publikum unter Druck zu setzen und zu fragen: »Wollt ihr sie sehen?!« Meistens klatschen die Zuschauer und sind froh, dass sie selber nicht auf die Bühne müssen. Durch den Applaus und die Erwartungshaltung kommt die Person letztendlich mit, aber Sie als Zauberer müssen zu ihr dann ganz besonders nett sein. Noch viel besser ist es, wenn man entschlossen eine Person aufgrund ihrer Körpersprache und Mimik bestimmt. Ich wähle gern eine

Frau mit einem Lächeln im Gesicht, keinesfalls eine mit verschränkten Armen oder übereinandergeschlagenen Beinen.

Der Feinschliff: Proben Sie die Tricks und Experimente mit dem Vortrag und allem Pipapo vor einem großen Spiegel. So können Sie den Effekt aus dem Blickwinkel des Zuschauers betrachten und gegebenenfalls Kleinigkeiten korrigieren. Nach einiger Zeit haben Sie so viel Übung, dass Sie nicht mehr ständig auf die Hände, sondern locker und freundlich in Ihr eigenes Gesicht blicken können. Das ist wichtig, denn je mehr Routine Sie haben, desto besser können Sie sich um Ihr Publikum kümmern. Generell sollten sich Ihre Zuschauer alle zehn bis 20 Sekunden persönlich angeschaut fühlen. Achten Sie bei einer Show mal auf den Künstler: Sein Blick schweift oft von einer Ecke des Saals zur anderen, wieder nach vorne in die ersten Reihen und zurück. Obwohl die meisten durch das starke Bühnenlicht nur die ersten Reihen erkennen können, vermeiden sie mit gezielten Blicken in den Saal, dass die letzte Reihe sich vernachlässigt fühlt und einpennt.

So, das waren meine Tipps vom Profi, und Sie besitzen nun das erste Rüstzeug der Zauberpräsentation. Auch wenn Sie »nur« wissenschaftliche Experimente vorführen wollen, können Sie das jetzt viel effektvoller tun. Aber ein Geständnis muss ich noch machen (ich hab's weiter oben ja schon angedeutet): Sogar ich verrate mich bei komplizierten Trickhandlungen immer wieder. Selbst eine Atemtherapie hat nix gebracht, denn wenn es hart wird und ich den Trick noch nicht aus dem Effeff beherrsche, stockt mein Atem. Das geht vielen Zauberkünstlern so. Also heißt es weiterhin: üben, üben, üben.

Warum Zaubern sonst noch toll ist

Zaubern macht schlau. Das Erlernen neuer Kunststücke lässt im Oberstübchen die Korken knallen, denn viele Tricks fördern die Gehirn-Hand-Koordination, verbessern die Fingerfertigkeit und schulen die Wahrnehmung. Die teilweise komplexe Struktur der Techniken (die manchmal nur für einen einzigen Trick benötigt werden) trainiert das Gehirn und liefert ihm reichlich Futter.

Richtig klasse finde ich, dass die Zauberei auch als Therapieform bei kranken Kindern angewandt wird. Denn wenn sie im Krankenbett einen Trick vorführen, wechseln sie von der passiven Patientenrolle in die aktive Zaubererrolle. Außerdem stärkt die Zauberei das Selbstvertrauen, und ein gelungener Trick erzeugt ein Erfolgserlebnis. Ideal als erster Einstieg ist »Der Gummiband-Sprung« aus Kapitel 3.

Ach ja, Zauberbücher trainieren auch das Leseverständnis, denn um den Trick vorführen zu können, muss der Text schließlich gelesen und verstanden werden. Die Vorführung eines Kunststückes trainiert dann zusätzlich die Kommunikation und die gestalterischen Fähigkeiten.

Zum Schluss noch ein Wunsch an die Spielehersteller: Bitte entwickelt mehr durchdachte, gut konzipierte und leicht verständliche Zauberkästen für Kinder, die nicht immer dieselben Klassiker bringen (Ihr dürft mich auch gern anrufen, wenn Ihr Fragen habt). Vielen Dank im Voraus!

DIESEN KASTEN FINDE ICH ALLES ANDERE ALS ZAUBERHAFT.

WISSENSCHAFT ALS ZAUBERTRICK
DER GUMMIBAND-SPRUNG

Es ist immer wieder erstaunlich, wenn sich Dinge wie von Geisterhand von A nach B bewegen. Geld vom Kleinsparerkonto in die Anlagebetrügervilla etwa. Oder wenn der Führerschein eines Münchner Rasers blitzartig in Flensburg landet. Hier jedoch geht es um einen Effekt im Kleinen. Aber keine Sorge: Mehr Wirkung mit weniger Mitteln geht nicht! Alles, was Sie brauchen, ist ein simples Gummiband – oder zwei, wenn Sie's richtig krachen lassen. Die Wissenschaft besteht hier übrigens aus simpler Physik und ein wenig Wahrnehmungspsychologie.

Der Effekt: Sie platzieren ein Gummiband um Zeigefinger und Mittelfinger und ziehen es bis zur Handfläche herunter. Anschließend zeigen Sie dem Betrachter Ihre Hand von beiden Seiten und demonstrieren nochmals, dass das Gummi auch wirklich intakt ist. Sodann wird die Hand zur Faust geballt, und wenn Sie die Faust wieder öffnen, springt das Gummiband wie von selbst zu Ringfinger und kleinem Finger! Ein erstaunlicher Effekt und überall vorführbar, denn Sie können diesen Trick auch mit einem Haarband vorführen und gleichzeitig sogar von Zuschauern umrundet sein.

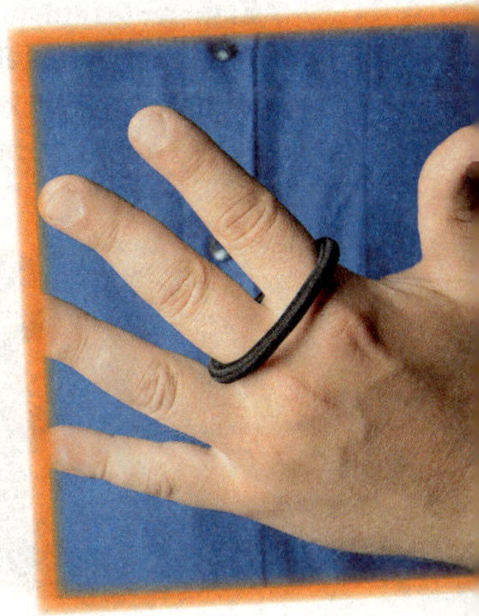

Doch es kommt noch besser. Abermals

platzieren Sie das Gummiband um Ihren Zeige- und Mittelfinger, jedoch nehmen Sie nun ein zweites Gummiband und verketten alle anderen Finger oberhalb des ersten Gummibandes, am besten nahe den Fingerspitzen. Dadurch ist bewiesen: Das erste Gummiband ist gefangen und kann logischerweise seinen Platz nicht verlassen. Erneut ballen Sie die Finger zu einer Faust und öffnen sie wieder: Das Gummiband hat abermals seine Position gewechselt und sitzt auch diesmal über Ringfinger und kleinem Finger.

Natürlich sind alle neugierig, wie dieser Trick wohl funktioniert. Aber nur Ihnen wird dieses Geheimwissen geschenkt, und zwar hier und jetzt.

Zunächst: Das Gummiband sollte nicht zu lang und nicht zu kurz sein, die richtige Länge werden Sie beim Proben schon selbst ermitteln.

Ziehen Sie das Gummiband über Zeige- und Mittelfinger der linken Hand. Der Handrücken zeigt zum Publikum, die Handfläche zu Ihnen.

Ziehen Sie nun, um den Trick zu kaschieren, zweimal vorne am Gummiband in Richtung Zuschauer und dann zweimal zu Ihnen. Die Aufmerksamkeit richtet sich dadurch auf das Testen des Gummis und wird von den wirklich wichtigen Bewe-

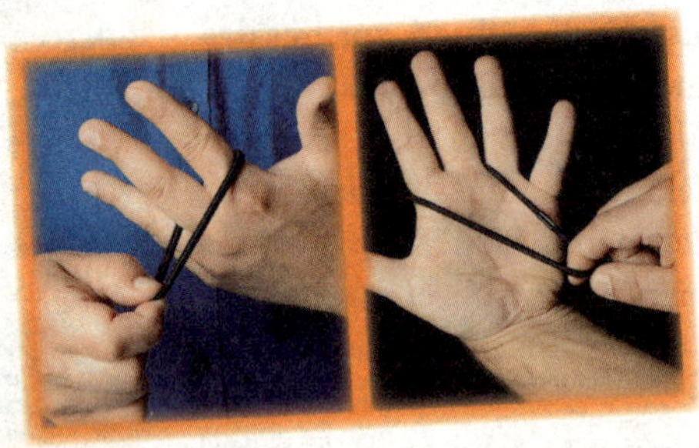

gungen abgelenkt: Beim zweiten Zug in Ihre Richtung ballen Sie schnell eine Faust und stecken alle Finger in die entstandene Öffnung, dann lassen Sie das Gummiband los. Es liegt nun auf den Fingerspitzen der linken Hand. Diese Trickhandlung sollten Sie vielfach üben, damit es nachher im Fluss vorgeführt wird, zweimal vorne … zweimal hinten … Durch den Rhythmus werden die Zuschauer zusätzlich eingelullt – fies, aber wirksam.

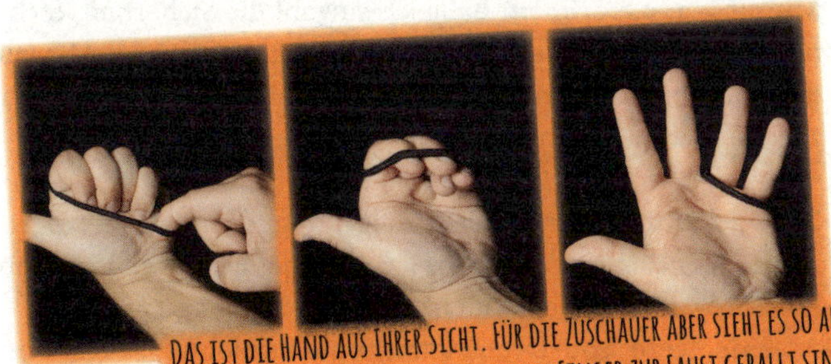

DAS IST DIE HAND AUS IHRER SICHT. FÜR DIE ZUSCHAUER ABER SIEHT ES SO AUS WIE AUF DEM ERSTEN BILD, AUSSER DASS DIE FINGER ZUR FAUST GEBALLT SIND.

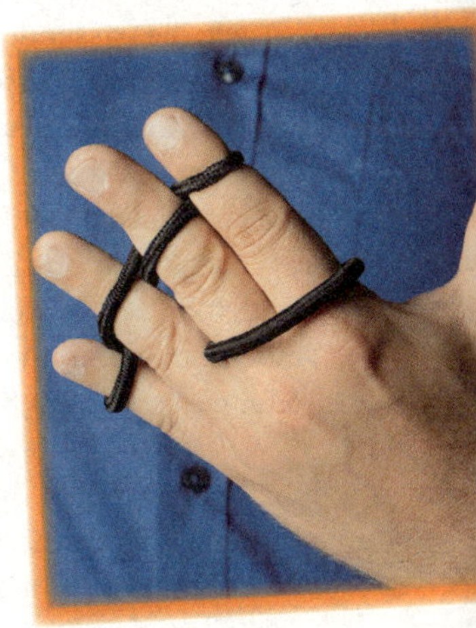

Strecken Sie Ihre Finger wieder aus (ohne dass das Band nach unten wegrutscht), und automatisch springt das Gummiband auf seine neue Position.

Selbst wenn Ihre Finger verkettet sind, springt das Gummi von A nach B, weil es oben um die Fingerspitzen wandert!

Als stinkfauler Mensch liebe ich ultrasimple Tricks, die keinerlei Vorbereitung brauchen. Alte Regel: Hab immer ein Gummi dabei, und der Abend ist gerettet.

EXPERIMENT
BOOM – DER GROSSE KNALL ODER: DIE IMPLODIERENDE TONNE

Mit diesem Experiment habe ich sowohl die Sicherheitstechnik als auch die Sendezeit der NDR-Talkshow strapaziert, weil die Reaktion doch länger auf sich warten ließ als geplant. Aber sie kam – und zwar heftig.

Ein Blick auf die Zutatenliste zeigt, dass dieses Großexperiment eigentlich unter den freien Himmel gehört. Für diesen Rolls-Royce unter den Show-Versuchen brauchen wir:

- eine leere 200-Liter-Metalltonne beziehungsweise ein Metallfass mit kleinem Schraubverschluss (*nicht* die mit abnehmbarem Deckel!)
- einen 10-Kilowatt-Gasherd mit Propangas-Anschluss sowie die passende Gasflasche
- einen Liter Wasser
- eine Gießkanne mit circa drei bis fünf Liter kaltem Wasser oder Eiswasser
- lange Lederhandschuhe
- etwas Mut und gute Nerven

Und falls Sie es doch in einem (großen) Raum vorführen möchten: außerdem viel saugfähiges Material (Handtücher) oder einen kleinen Kinderpool als Wassersammler.

Zuallererst füllen Sie den Liter Wasser in die Metalltonne. Eine solche Tonne bekommen Sie in einer Fasshandlung. Wenn ein Hafen in der Nähe ist, dann ab ins Auto, und bald schon können Sie eine Tonne Ihr Eigen nennen, Kostenpunkt:

etwa 20 Euro. Manche Fasshändler nehmen für fünf Euro das zerquetschte Fass wieder zurück, doch dazu komme ich später. Wenn Sie es bequemer haben wollen, bekommen Sie ein geeignetes Fass auch zu ähnlichen Konditionen im Internet, zum Beispiel in einem allseits bekannten Auktionshaus.

Das Fass stellen Sie auf den 10-Kilowatt-Brenner und entfachen dann das Feuer. Den Brenner gibt es (auch leihweise) im Gastronomiebedarf oder eben bei besagtem Auktio… Sie wissen schon. Anschließend muss das Fass ungefähr zehn Minuten erhitzt werden. Nach zwei bis drei Minuten sehen Sie, wie erster Wasserdampf aus der Tonne getrieben wird, denn das Wasser beginnt schnell zu sieden. Falls Sie keinen Dampf sehen … haben Sie vergessen, das Wasser in die Tonne zu füllen.

Nach zehn Minuten schalten Sie den Brenner aus – und nun muss alles ganz schnell gehen. Sie schrauben den Deckel auf die Tonne. Wichtig: Bitte gönnen Sie sich hierfür gute Sicherheitshandschuhe, die am besten bis zum Ellenbogen reichen. Es ist mir nämlich schon passiert, dass ich den Deckel nicht sofort auf die Öffnung geschraubt bekam. Da das Wasser immer noch siedet, entsteht für kurze Zeit ein Überdruck, und wenn man den Deckel nochmals abnehmen muss, zischt heißer Dampf aus der Tonne und verbrennt genüsslich den Unterarm. Bei mir dauerte der Heilungsprozess drei Wochen – und ich habe gutes Heilfleisch.

Das Ding ist also dicht. Mit der Gießkanne und dem Eiswasser kühlen Sie nun die Tonne ab. Oder, falls Sie die Gießkanne vergessen haben, nehmen Sie das kalte Wasser in den Mund und spucken es schnell auf die Tonne, wie ich damals mit Barbara Schöneberger.

Ich bevorzuge, zunächst den Deckel zu kühlen und dann erst das untere Drittel der Tonne (dort ist es durch den Gasbrenner besonders heiß). Den Rest des Wassers verteile ich gleichmäßig. Danach wird gewartet. Die Reaktion geschieht nach zehn Sekunden bis zu drei oder vier Minuten. Aber dann:

KAWUMMM! Die Tonne schnurrt wie von Geisterhand meist ohne Vorwarnung zusammen. Eine Implosion vom Feinsten!

Was um alles in der Welt ist passiert?

Der Wasserdampf verdrängt komplett die Luft aus der Tonne; im Fass ist also nur noch etwas kochendes Wasser und viel Wasserdampf. Wenn nun die Tonne abgekühlt wird, kondensiert der Dampf wieder zu Wasser, und ein Unterdruck entsteht. Falls die Tonne nicht reagiert – und das ist mir leider auch schon auf der Bühne passiert –, ist die Tonne nicht dicht und hat Luft gezogen. Deshalb beim Kauf immer schön auf den unversehrten Dichtungsring am Deckel achten! Durch das Vakuum im Inneren lastet jetzt der komplette atmosphärische Druck auf dem Fass. Im Klartext: Ein Bar sind ungefähr 1000 Hektopascal, sind rund zehn Tonnen Gewicht pro Quadratmeter, das entspricht in etwa dem Gewicht eines Lkws – und das wiederum ergibt mit Sicherheit eine zerquetschte Tonne.

Ich sehe natürlich ein, dass nicht jeder genug Platz für diesen Experimental-Knaller hat. Für die etwas intimere Vorführung können Sie deshalb natürlich auch eine 50- oder gar nur 20-Liter-Tonne ins Jenseits befördern. Diese sind ebenfalls an den genannten Stellen zu erwerben.
Benötigte Wassermenge: etwa ein halber Liter.

Oder Sie machen sich überhaupt keinen Stress und nehmen eine leere Coladose. Einfach mit 20 bis 30 Milliliter Wasser füllen und für circa ein bis zwei Minuten auf eine Herdplatte stellen. Sicherheitshandschuh anziehen – ja, auch die Aludose wird sehr heiß –, vorsichtig in die Hand nehmen, umdrehen und in einen mit kaltem Wasser gefüllten Krug oder ins gefüllte Waschbecken halten. Geht auch, macht nur nicht so viel Krach.

COLADOSE UNTER WASSER

So, das war's erst mal zum Thema Vakuum. Nach diesem anstrengenden Versuch fühle ich mich ziemlich ausgepumpt. Aber ich wäre ja nicht Konrad Stöckel, wenn ich nicht noch ein paar weitere prall gefüllte Seiten für Sie in petto hätte.

ERSTUNKEN UND ERLOGEN
REINKARNATION VON FRISUREN

Wahnsinn: Rosy Vidal und Bjørn Schwarzkopf vom Institute of Applied Supernatural Studies of Illinois haben herausgefunden, dass nicht nur Seelen, sondern auch Frisuren wiedergeboren werden können. Eine Steckfrisur konnte sich unter Hypnose sogar noch an eine Kurspülung am Hofe von Fürst Albrecht des Gepflegten im Jahr 1734 erinnern!

DER STEINZEIT-STÖCKEL

Wie es der Zufall will, bin auch ich persönlich betroffen, denn meine Haare sind die nachweisbar vierte Reinkarnation einer sehr alten, ehrwürdigen Frisur. Die nebenstehenden Abbildungen sind nicht nur der schlagende Beweis für diese unglaubliche Wanderung. Sie zeigen außerdem, dass die Haartracht von Mal zu Mal schöner wurde – und ich darf mich mit Fug und Recht als vorläufiger ästhetischer Höhepunkt dieser Entwicklung betrachten.

Ein erster Nachweis meiner Frisur findet sich in der Steinzeit. Ein Jäger nutzte sie als Bären-Scheuche und sicherte so den Fortbestand seiner Sippe. Mehr über prähistorische Haarkunst im Kapitel 75.

Der schwedische Feldherr Sven von Uppsala fand 1632 den Tod: Auf meine/seine Frisur passte kein Helm, und mangels festigenden Haarsprays konnten die Haare einen dummen Sturz vom Pferd nur ungenügend dämpfen. Frisurentechnisch war der Unfall jedoch ein überaus harmonischer Anblick.

Vorletzter Träger war Jimi Hendrix, der seinen Stöckel-Afro als zusätzlichen Resonanzraum für den Klang seiner Gitarre zu nutzen wusste. Leider wurde dieser Effekt bei seinem letzten Konzert auf Fehmarn stark durch die feuchte Witterung beeinträchtigt.

Und schließlich ich. Die feine Fönung unterstreicht die Formvollendung meiner Haarpracht und eröffnet neue Dimensionen der virilen Attraktivität. Von unverlangt eingesandten Heiratsanträgen bitte ich abzusehen.

Trotz oben genannter unbestreitbarer Fakten müssen noch viele Fragestellungen erforscht werden: Wurden auch Steinzeit-*Männer* brutal an den Haaren in die Höhle geschleift? Trug das Pferd des Sven von Uppsala einen Pony? Und warum habe ausgerechnet ich das Glück, so unübertroffen gut auszusehen?

Oder handelt es sich etwa gar nicht um eine Frisur, sondern um einen Schrei nach Hilfe?

6

SELTSAME ERFINDUNGEN

WAS IST EIN CHINDOGU? UND WER BRAUCHT DIE WADENWASCHMASCHINE?

Man mag es kaum glauben, aber auch Japaner haben Humor. Erst schenken sie der Welt unzählige tolle Erfindungen, und jetzt nehmen sie ihre eigene Erfindungswut auf die Schippe – mit Chindogus. Was Chindogu heißt? Keine Ahnung, bin ich Japaner? Wikipedia behauptet, es bedeute »seltsames Gerät«. Wir wollen das einfach mal ungeprüft glauben. Jenes seltsame Gerät soll ein Problem auf kreative Art lösen und dabei unglaublich unpraktisch sein. Denn eine der eisernen Chindogu-Regeln lautet:

Ein Chindogu muss eigentlich nutzlos sein.

Finde ich super, mit Nutzlosigkeiten verdiene ich mein täglich Brot. Und die nächste Regel ist noch besser:

Ein Chindogu muss den Geist der Anarchie in sich tragen.

Auch da bin ich dabei. Diese Regel erkennt man sofort beim ersten Chindogu: »Walk and wash«, die Wadenwaschmaschine für unterwegs.

Das Problem ist bekannt: Sie kotzen … Nee, ich fange noch mal anders an: Man ist von einer Party zur anderen unterwegs, hat etwas zu viel getankt und erbricht sich auf sein Lieblings-T-Shirt. Oder, noch um einiges besser: Man hat in meiner Show in der ersten Reihe gesessen und die Bierfontäne (siehe Kapitel 17) abbekommen. Schöne Sauerei, normalerweise wäre der Abend jetzt erledigt. Nicht so mit der Wadenwaschmaschine! Kurz das T-Shirt ausgezogen, in den kleinen Wasserbehälter an der Wade getunkt und fleißig losgewalkt (vom Schleudergang möchte ich aus orthopädischen Gründen abraten). Bis zur nächsten Party ist das gute Stück sauber und riecht wie ein frisch gepuderter Babypopo.

DAS KÖNNTE IHRE WALK AND WASH SEIN

Und wo bekommt man das Wunderstück? Nirgends! Das Motto heißt »Do it yourself«, denn hier kommt die nächste Regel:

Ein Chindogu ist nicht für den Verkauf bestimmt.

DER WOHL SAUBERSTE SPAZIERGANG MEINES LEBENS.

Ich habe es ja schon immer gewusst: Die besten Dinge im Leben kann man nicht kaufen. Aber man kann sie zusammendengeln, wenn man die richtigen Materialien besorgt hat.

FORSCHUNG AUF ABWEGEN
LEICHTES ÜBERGEWICHT IST GESUND

Eine US-Studie hat bewiesen, was ich schon immer wusste: Menschen mit einem leicht erhöhten Body-Mass-Index von 25 bis 30 haben ein sechs Prozent geringeres Sterberisiko als Normalgewichtige. Mein Gedanke: Wenn schon leichtes Übergewicht gesund ist, wie gesund muss dann erst starkes Übergewicht sein?

Für einen solch lebensverlängernd stattlichen Leibesumfang muss man natürlich einiges tun. Um sich der Unsterblichkeit entgegenzuschlemmen, empfehle ich:

Konrads goldene Regeln der heilsamen Körpervermehrung

→ In den Körper muss immer mehr rein als raus.

→ Das Ziel einer Mahlzeit ist nicht die Sättigung, sondern das Völlegefühl.

→ Ein Verdauungsschnaps muss sich auch wirklich lohnen.

→ Nachschlag ist Menschenrecht!

→ Schlingkinder sind Gelingkinder.

→ Eingeladen macht nicht dick. Also doppelt zulangen!

→ Volles Haar beginnt mit einem vollen Bauch!

→ Fett ist ein Geschmacksträger. Heißt: Fett-Träger schmecken besser.

- Ein guter Esser ist im Bett einfach besser.

- Essen ist der Königsweg zur Selbsterkenntnis. Du kannst zwar nicht so weise werden wie Buddha, aber wenigstens so dick.

Diese ewig gültigen Regeln sind natürlich nur der theoretische Überbau. Was noch fehlt, sind meine folgenden gewichtigen Ratschläge für die Praxis.

8

ERSTUNKEN UND ERLOGEN

SERVICE: DIE ORIGINAL KONRAD-STÖCKEL-GEGENDIÄT®

Meine Kompetenz im Bereich der gesundheitlich orientierten Verfettung ist in der Fachwelt unbestritten. Ich habe drei Semester Pasta an der Sorbonne und Konradismus an der Kalorischen Fakultät Padua studiert sowie das zweigleisige Aufbaustudium Verdickungstechnik und Fettspeicheristik in Braunschweig absolviert. Mehrfach hat man mir sogar einen bequemen Lehrstuhl an der Massen-Uni Göttingen angeboten.

Nicht ohne Stolz verweise ich auf meine Ratgeber *Schlank ist krank*, *Wege zur Fülle*, *Tschakka, bin ich fett!*, *Entdecke das dicke Kind in dir* und *Im Zeichen des Weichen*.

Und nun bitte ich um volle Aufmerksamkeit für meine professionellen Tipps, Tricks, Winke und Kniffe für den Alltag.

→ Das Abendmahl in der Kirche nur annehmen, wenn es vom Ober in der Kutte an den Platz gebracht wird. Aufwand und Nutzen stehen sonst nicht im rechten Verhältnis (ausgenommen frittierte Oblaten mit doppelt Mayo bzw. rot-weiß).

- Step-Aerobic und andere Hüpfkurse sind eine absurde Energieverschwendung, denn der Körper wird erst mühsam hochgewuchtet und plumpst dann unverrichteter Dinge wieder auf den Boden zurück. Viel besser: Einfach so lange stehen bleiben, bis einem die Erde von alleine entgegenkommt. Diesen Vorgang kann man recht effizient mit Alkohol beschleunigen.

- Ausdauersport ist mutwillige Vergeudung körpereigener Ressourcen! Unbedingt kalorinös dagegenarbeiten und ohne Ziel gar nicht erst das Haus verlassen.

- Kurze Wege nur mit dem Auto. Lange Wege am besten überhaupt nicht. Und wenn, dann niemals die Wegzehrung vergessen!

- Eine 5-Minuten-Terrine ist auch in weniger als fünf Minuten fertig.

- Nur eine schwere Speise ist eine gute Speise.

- Der Cholesterinspiegel ist dein Freund! Die Geschichte vom bösen LDL-Cholesterin ist ein Schauermärchen der Halbfettmargarineindustrie. Cholesterin kann gar nicht böse sein. Das kuschelt sich ganz lieb von innen an die Blutgefäße.

- »Halbfett« bedeutet das Verpanschen von Fett. Umgekehrt wird ein Schuh draus: Ein gutes Wassereis besteht mindestens zur Hälfte aus Butter.

- Verpackungen notfalls mitessen.

- Sodbrennen ist ein gutes Zeichen. Dein Körper zeigt dir damit seine Dankbarkeit.

- Iss morgens wie ein König, mittags wie ein Kaiser, abends wie ein Bettelmann, der vom Kaiser eingeladen wurde und sich zum ersten Mal seit Jahren so richtig den Bauch vollschlagen darf.

- Ein gut gezapftes Bier dauert sieben Minuten. Grund genug, kein gut gezapftes Bier zu trinken. Merke: Schaumlose Plörre rutscht viel besser!

Rund und gesund – warum wird dieses Prinzip der breiten Öffentlichkeit immer noch vorenthalten? Gibt es eine Verschwörung der Weight Watchers? Möchte die Diät-Mafia schlicht weiterhin ihre dicken Geschäfte unter dem dünnen Deckmäntelchen der Sixpack-Verherrlichung machen? Oder liegt es einfach daran, dass dieses Buch erst jetzt erschienen ist? Ich werde mich auch in Zukunft bemühen, es herauszufinden.

EXPERIMENT
WIE MAN MIT SCHOKOLADE DIE ZEIT MISST ODER: DAS DUNKLE GEHEIMNIS DER KALORIENTABELLEN

Gleich zwei Geständnisse: Erstens, mit Schokolade lässt sich die Zeit nicht genau, sondern nur prinzipiell messen. Ich fand's aber als Kapitelüberschrift ganz schnittig. Zweitens, und das gebe ich wirklich ungern zu, habe auch ich mal eine Diät gemacht. Zu meiner Entschuldigung darf ich sagen: Sie hat auf Dauer sowieso nicht funktioniert.

Jahrelang hatte ich mich nicht gewogen und dachte stets, ich hätte mein Idealgewicht von 115 Kilogramm gehalten. Doch da stand sie, die grausam präzise Waage im Stuttgarter Hotel. Nach einer Show mit Bülent »The Body« Ceylan und den Fünf singenden Freunden. Unvorsichtigerweise stieg ich auf die Waage, der Zeiger bewegte sich einmal um die Skala – und setzte zu einer zweiten Ehrenrunde an. Satte 140 Kilo! Ich unterstellte der Waage zunächst pure Boshaftigkeit, denn dass ich die Masse von zwei ausgewachsenen Bülents hatte, wollte ich partout nicht glauben.

Um dann tatsächlich abzuspecken, brauchte ich noch einen zweiten Motivationsschub, eine Wette mit meinem Kollegen Klaus-Jürgen »Knacki« Deuser. In der Sendung *Comedy Lab* bei ZDFneo wettete ich mit ihm, innerhalb von drei Monaten 30 Kilo zu verlieren – und gewann wahrhaftig. Jeden Tag gab es drei bis acht Äpfel und weiter nix. So purzelten die Pfunde, und so polterte laut hörbar meine Laune in den Keller.

Als Verfechter des gepflegten Leibesumfangs mache ich das Diät-Bekenntnis nur, weil es thematisch gerade so gut passt.

Denn vor dem Abnehm-Abenteuer habe ich die Zeit stets mit Schokolade gemessen, nur eben auf die ungesunde Art. In Bestform brauchte ich ziemlich genau 2:32 Minuten, um eine schöne Tafel Halbbitter in mich hineinzuschlingen (auch fünf Tafeln waren kein größeres Problem, bei gleichbleibender Geschwindigkeit). Jedenfalls konnte ich mithilfe zweier Tafeln Schokolade die Länge einer Werbepause ermitteln und pünktlich wieder zurück in den Film zappen.

Doch wie kann Schokolade nun wirklich zum Timer werden? Mit der richtigen Schoki-Sorte und ihrem Brennwert. Zusätzlich wird ein Bunsenbrenner beziehungsweise eine Baumarkt-Lötlampe benötigt.

Den Kaloriengehalt, genauer gesagt, den Brennwert von Lebensmitteln ermittelt man mit einem Kaloriemeter. Die Fressalien werden in diesem Gerät einfach verbrannt, und es wird gemessen, wie viel Wärmeenergie entsteht. Nach weiteren Umrechnungen erhält man schließlich den mathematischen Brennwert des Lebensmittels.

Für Schokolade gilt: Je höher der Fettanteil, desto besser brennt sie. In meinem Fall musste ein großer 480-Gramm-Schoko-Weihnachtsmann in Halbbitter mit 60 Prozent Kakao dran glauben. Er war kurz nach Weihnachten hinter die Couch gefallen, und als ich ihn wiederfand, war er nicht mehr zu genießen. Sonst wäre ich niemals auf die Idee gekommen, den Kerl zu verfeuern. Und ja, ich weiß, dass ich regelmäßiger hinterm Sofa saugen muss.

Mein Experiment sah folgendermaßen aus: Ich habe den Weihnachtsmann zerbröselt, den Haufen auf eine feuerfeste Unterlage gegeben und mit dem Brenner ordentlich unter Flammen gesetzt. Das Feuer lieferte sogar genug Energie, um in einer kleinen darübergehaltenen Pfanne ein Spiegelei zu braten, ich hab's probiert. Es brannte exakt 14:36 Minuten, und somit kann ich mit dem gleichen Weihnachtsmann von nun an diese Zeitspanne bestimmen. Das ist total nützlich, denn 14:36 Minuten sind perfekt, um … äh … keine Ahnung. Mein guter Rat: Einfach nicht nachmachen. Schokolade sollten Sie nicht anzünden, sondern lieber genüsslich auffuttern.

WEIHNACHTSMÄNNER GAB ES GERADE NICHT

Der Kalorienschwindel

Jetzt endlich komme ich zu dem, was mir wirklich wichtig ist. Dass Lebensmittel auf simple Art abgefackelt werden, um ihren Brennwert zu ermitteln, war mir bis zur NDR-Sendung *Plietsch* gar nicht klar. Experten wissen schon lange, dass die Methode extrem ungenau ist, nur will es keiner hören. Laut dieser Messung hätte auch Holz einen hohen Kaloriengehalt, aber ist irgendwer jemals vom Ästeknabbern dick geworden? Als »Lösung« wird in der Rechnung einfach der Anteil unverdaulicher Ballaststoffe abgezogen. Das Problem: Jeder Mensch hat eine andere Darmflora, sodass manche Stoffe eben doch verwertet werden. Überhaupt reagiert jeder Mensch anders auf Nährstoffe. So weit, so kompliziert. Kurz gesagt, das Verdauungssystem ist kein Bollerofen. Unser Bauch hat seinen eigenen Kopf.

Auch interessant: Bisher wurden lediglich 1265 essbare Grundstoffe analysiert. Darauf basieren sämtliche Werte der über 20 000 berechneten Lebensmittel und Mahlzeiten. Das Bundesinstitut für gesundheitlichen Verbraucherschutz und Veterinärmedizin hält dieses Vorgehen für allgemeine Verzehrempfehlungen zwar für akzeptabel. Für strenge Diäten und Kostpläne sind die Angaben allerdings viel zu ungenau.

Eine Untersuchung in Österreich setzte sogar noch eins drauf. Die Tageskost übergewichtiger Jugendlicher wurde nach Nährwerttabellen berechnet und parallel im Labor – die Werte lagen teilweise extrem weit auseinander. Fazit der Autoren war, dass die Tabellen für das Errechnen des Energiegehaltes von Lebensmitteln schlicht ungeeignet sind. Ein Hammer, denn jeder glaubt an die Berechnungstabellen.

Ich will gar nicht wissen, wie viel Lebenszeit täglich mit dem Studium von Kalorienangaben vergeudet wird. In dieser Zeit sollte man besser was Leckeres kochen, auf seinen Körper hören und sich selber klasse finden. Höchste Zeit, mit einem Streichholz den Brennwert der Tabellen zu testen ...

Jedenfalls werde ich nie wieder eine Diät machen, fettes Ehrenwort! Übrigens: Wie jeder weiß, wird der Brennwert heutzutage nicht mehr in Kilokalorien, sondern in Kilojoule angegeben. Mit *dem* Quatsch fange ich schon mal gar nicht an.

EXPERIMENT
WIR BIEGEN DEN LASERSTRAHL

In einer zünftigen Weltraumschlacht schaffen es nicht einmal Riesenraumschiffe, Laserstrahlen zu biegen. Es sind schon hochenergetische Schutzschilde erforderlich, um sich die Strahlenkanonen von Zylonen, Borgs und anderem Weltraumgesocks vom Leib zu halten. Aufgrund meiner Science-Fiction-Leidenschaft besaß ich als Jugendlicher natürlich auch einen der ersten Laserpointer. Leider verschwand er relativ schnell in der Tasche meines Mathelehrers Herrn Milchereit, der keine Lust mehr hatte, seinen Hinterkopf von mir bestrahlen zu lassen. Doch das erzähle ich ein anderes Mal.

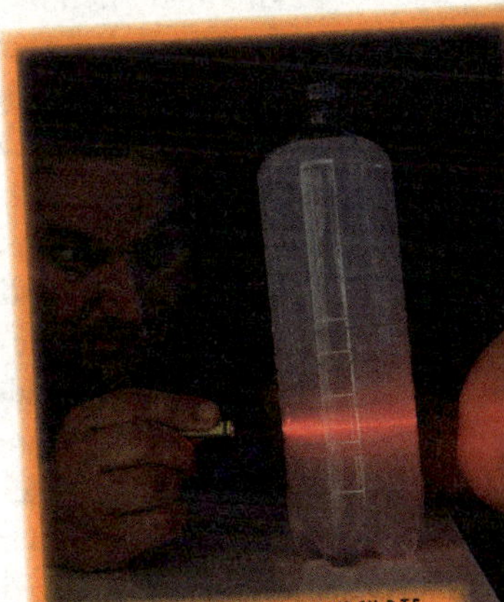

LASERSTRAHL GEHT GERADE DURCH DIE FLASCHE UND LANDET AN EINER FLÄCHE

Wenn nicht mal Captain Kirk mit seinen Kompetenzen Laserstrahlen biegen kann, wer kann es dann? Sie. Und zwar mit diesem Experiment, das sich auch super für eine schneidige Wette eignet.

Sie nehmen eine Wasserflasche aus farblosem Plastik und bohren im unteren Drittel der Flasche ein Loch in die Seite. Dann verschließen Sie das Loch mit Tesafilm. Später wollen Sie das Kle-

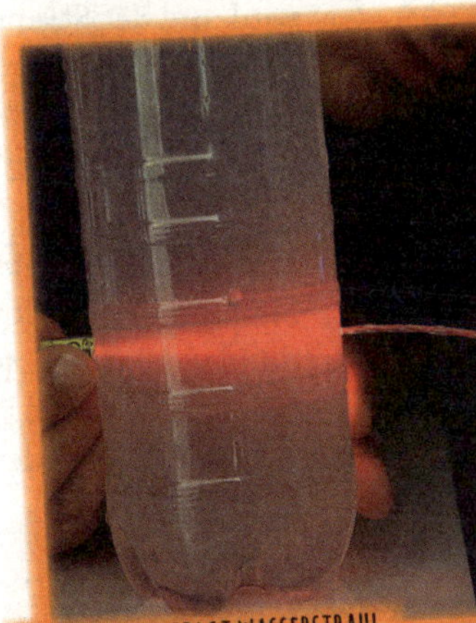

LASERSTRAHL FOLGT WASSERSTRAHL

beband elegant wieder entfernen, deshalb immer ein kleines Endstück umklappen. Nun wird die Flasche mit Wasser befüllt und auf den Tisch gestellt. Selbstredend brauchen Sie auch einen Laserpointer, den Sie gleich einschalten, genau gegenüber dem Loch platzieren und damit quer durch die Flasche in die gebohrte Öffnung leuchten. Wahrscheinlich durchdringt der Strahl den Tesafilm und leuchtet an die Zimmerwand.

Wenn Sie nun das Klebeband entfernen, tritt das Wasser in einem kleinen Bogen aus der Flasche aus. Der Laserstrahl, der vorher schnurgerade durch die Flasche an die Wand verlief, biegt sich nun im Wasserbogen mit nach unten und beleuchtet den Boden. Da haben wir's. So biegt man einen Laserstrahl. Um den Strahl optisch etwas aufzubrezeln, können Sie das Wasser mit ein wenig Milch eintrüben, das verschönert den Effekt! Last, not least: Damit Sie nicht die ganze Bude wässern, denken Sie daran, das Wasser aufzufangen – oder Sie machen den Trick gleich in der Spüle.

Hier die Erklärung, die Licht ins Dunkel bringt: Der Wasserstrahl funktioniert als Lichtleiter, also genau wie eine Glasfaser. Eine detaillierte Darstellung (Grenzflächen optischer Medien, Totalreflexion, Grenzwinkel, et cetera und Pipapo) erspare ich Ihnen, zumal ich die Formeln selber nicht kapiere. Die Sache mit der Milch funktioniert so gut, weil das Laserlicht von den Fetttröpfchen teilweise nach außen reflektiert wird und der Strahl somit auf ganzer Länge sichtbar wird.

Nur zur Sicherheit

Laser sind kein Spielzeug, und leuchten Sie sich selbst oder anderen damit bloß nicht in die Augen. Wer auf die saublöde Idee kommen sollte, Flugzeugpiloten im Landeanflug zu blenden, kann bis zu zehn Jahre wegen versuchten Totschlags hochverdient in den Knast wandern.

Es gibt Länder, in denen man anscheinend ein recht entspanntes Verhältnis zum Thema Sicherheit hat. Bei meiner Chinatournee traf ich auf dem Schwarzmarkt in Chungching zwei Jungs, die einen echt beängstigenden Taschenlaser präsentierten. Sie strahlten schräg in den Himmel, und der Laserstrahl wurde von den Wolken reflektiert. Wow ... imposant! Gott sei Dank war es bewölkt, denn sonst hätten sie vielleicht die Raumstation ISS aus der Umlaufbahn geschossen. Dann steckte sich einer der Jungs eine Zigarette in den Mund und zündete sie mit dem Laserstrahl an. Auch ein Pappkarton brauchte nur drei Sekunden, um Feuer zu fangen. Wirklich ein starkes Teil ... aber wohl doch ein bisschen zu stark. Während der Kerl mir diese Effekte zeigte, dachte ich die ganze Zeit: »Alter, wenn du mir ins Auge leuchtest, kriegst du eine geballert.« Auch wenn der Kampf wohl sehr ungleich gewesen wäre: ich blind und er Kung-Fu.

Dass niemand Licht biegen kann, ist nach der Relativitätstheorie nur die halbe Wahrheit. Denn laut Einstein krümmt jede Masse die Raumzeit, sodass das Licht einen kleinen Bogen drum herum fliegt. Bei großen Massen (Planeten, schwarze Löcher) ist das noch messbar, bei kleinen Massen (menschlicher Körper) schon nicht mehr. Trotzdem war ich immer stolz darauf, dass sich das Licht um mich herum theoretisch besonders stark krümmt.

11

WISSENSCHAFT ALS ZAUBERTRICK

STARK WIE EIN HULK ODER: WIE MAN MIT BLOSSEN HÄNDEN PAKETSCHNUR ZERREISST

Jetzt nehmen wir uns einen Strick – genauer gesagt, eine Paketschnur –, und wir zerreißen das Band vor den Augen des Publikums. Dieses Kunststück eignet sich ganz hervorragend zum Wetten mit Freunden, kann aber auch hilfreich sein, wenn mal keine Schere zur Hand ist.

Der Trick beruht auf einem erstaunlichen physikalischen Gesetz, das es erlaubt, die Schnur durchzureißen, ohne sie vorher anzuschneiden. Wichtig: Beginnen Sie mit der dünnsten Paketschnur, die es im Handel gibt, und wählen Sie kein Kunststoffband, sondern die Naturfaservariante. Und natürlich probieren Sie dieses Experiment auf eigene Gefahr. Befolgen Sie diese Anleitung genau, und weichen Sie nicht davon ab, sonst kann es zu einschneidenden Erlebnissen an der Hand kommen! Das tut nicht nur weh, nein, viel schlimmer noch: Es schwächt auch den Effekt.

Junger Mann zum Mitreißen gesucht

Vorführung: Der Künstler (also Sie) nimmt drei gleich lange, circa zwei Meter lange Paketschnüre. Nun werden zwei Zuschauer benötigt. Falls sich keiner meldet, bestimmen Sie kraft eigener Arroganz einfach zwei Freiwillige, gerne die mit den dicksten Muckis. Die Mitwirkenden stellen sich rechts und links neben dem Künstler auf, jeder bekommt eine der drei Schnüre. Der Künstler bittet nun die Probanden, genau das zu tun, was er tut. Zuerst werden die Schnurenden einmal um die Hand gewickelt, damit die Schnur nicht schmerzhaft durch die Hand rutscht. Und jetzt passiert auch schon der Effekt, denn eins ... zwei ... drei ... zerreißt der Künstler die Paketschnur mit seinen bloßen Händen! Die meisten Probanden werden sich nicht trauen, es dem Künstler gleichzutun, und probieren es schlauerweise gar nicht erst. Falls sie es doch probiert haben sollten, sieht das Publikum nun in zwei schmerzverzerrte Gesichter und in ein milde lächelndes Antlitz. Wurde vorher um Geld gewettet, wandert dieses in die Tasche des Künstlers (also in Ihre).

Tja, wie funktioniert das? Mithilfe einer einzigen Schlaufe, der Gesetzmäßigkeit der Reibung, Kraft und Geschwindigkeit und somit der Überzeugung und dem Entschluss, das Band zu zerreißen. Zögern Sie oder sind Sie unsicher, dann passiert nichts, außer dass es dolle wehtut. Deshalb noch einmal: Bitte wirklich mit der dünnsten Paketschnur starten, um die benötigte Kraft einschätzen zu lernen.

Die wirklich wichtige Anleitung

Nehmen Sie das Paketband in die linke Hand, sodass das lange Ende zwischen Daumen und Zeigefinger über die Hand läuft. Das kürzere Ende liegt somit auf Ihrer Handfläche bzw. geht noch circa 20 Zentimeter darüber hinaus und hängt in Richtung Boden.

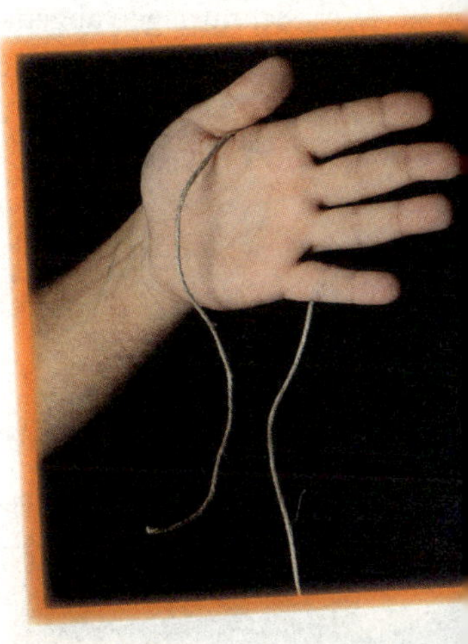

Nun wickeln Sie das lange Band um die Hand, um sie zu schützen und später gut reißen zu können.

Dann kommt der entscheidende Trick. Sie bilden eine Schlaufe, indem Sie das kurze Ende mit dem langen Ende vertauschen bzw. es um dieses herumleiten und es dann über die Handfläche nach oben führen: zum Zeigefinger, um dort das kurze Ende zu sichern. Dies geschieht, indem man es mehrfach um den Zeigefinger wickelt.

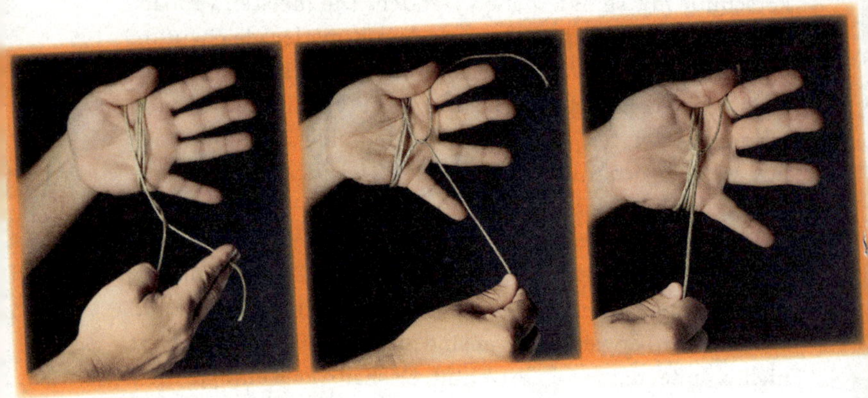

Diese Trickhandlung sollte schnell ausgeführt werden, damit es keiner mitbekommt, also heißt es wieder: üben, üben, üben. Anschließend müssen Sie nur noch die Schnur um die rechte Hand wickeln. Am besten, Sie reißen so, dass die Schnur nicht in die Haut schneidet, sondern von einigen Schnurlagen abgepolstert wird.

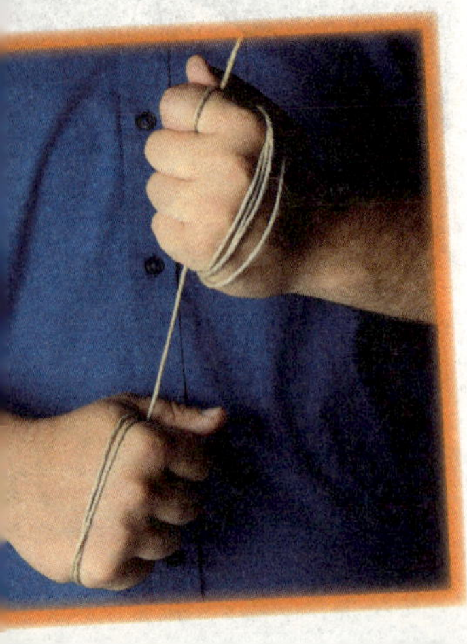

Bitte beachten: Die Reißrichtung ist extrem wichtig!

Nun sind Sie in der Lage, das Paketband zu zerreißen.

Hmmm ... irgendwas wollte ich noch zum Thema Verletzungsrisiko sagen. Aber ich fürchte, mir ist gerade der Faden gerissen.

KONRADS FAMOSE HAUSHALTTIPPS
DER SPÜLSCHWAMM IN DER MIKROWELLE

Wenn man nicht alles selber macht …

Ja, es stimmt, wir haben eine sehr leistungsfähige und verkaufsfreudige Haushaltswarenindustrie, die uns für jedes Problemchen die passende Vorrichtung anbietet. Komisch nur, dass man wie der Ochs vorm Berge steht, wenn im Haus mal eben eine schnelle Lösung gefragt ist (während sich der ach so praktische Plastikschrott in der Rumpelkammer stapelt).

Wie haben unsere Großmütter ihren Haushalt bloß ohne die industriellen Helferlein geschmissen? Nun, sie haben ihr Köpfchen angestrengt und mit viel Phantasie die Dinge benutzt, die sie so dahatten. Ich habe mir das zum Vorbild genommen und etliche Haushaltstipps zusammenrecherchiert, weiterentwickelt und höchstpersönlich ausgetestet. Wäre doch ein guter Vorsatz fürs neue Haushaltsjahr: Nicht gleich losrennen und irgendetwas kaufen, sondern nachdenken und eine Lösung erfinden – Geldbeutel und Umwelt sagen schon im Voraus Danke schön. Kurz gesagt, wir brauchen viel weniger Krempel, als wir glauben. Und hier kommt auch gleich der erste famose Haushaltstipp:

Achtung festhalten, jetzt wird's eklig. Die übelste Zusammenrottung fieser Mikroorganismen finden wir nicht auf der Toilette, sondern in der Küche. Während eine durchschnittliche Toilettenbrille nur mäßig belastet ist, tummeln sich im Spülschwamm oft 30-mal so viele Bakterien. Kein Wunder, denn hier finden sie richtig kuschelige Lebensbedingungen: immer feucht, oft angenehm warm, und durch Lebensmittelreste gibt's auch regelmäßig frischen Futternachschub.

Das ist aber noch lange kein Grund, mit der dicken Chemiekeule zuzuschlagen. Viele Fachleute raten sogar ausdrücklich vom Einsatz desinfizierender Mittelchen im Haushalt ab. Das Zeug vernichtet vor allem die harmlosen oder nützlichen Bakterien, während die ganz bösen Jungs unter den Bazillen überleben und erst mal eine Flasche Schampus öffnen. Es besteht sogar die Gefahr, dass sich resistente Keime entwickeln.

Die fachlich fundierte Meinung der Experten lautet: Einfach so machen, wie es gute Hausfrauen schon immer gehalten haben. Das heißt, wir achten allgemein auf die Küchenhygiene und putzen ausschließlich mit Wasser, Seife, Spüli und normalen Putzmitteln.

Bleibt noch die Problemzone Spülschwamm. Dieser sollte natürlich regelmäßig ausgetauscht werden. Doch es gibt einen einfachen Trick, wie man seine Lebensdauer verlängern kann. Manchmal hat man schließlich einfach keinen neuen zur Hand, wenn der alte anfängt zu müffeln.

Wir stecken den feuchten Schwamm für mindestens zwei Minuten bei voller Leistung in die Mikrowelle. Forscher der University of Florida in Gainsville haben gemessen, dass dabei über 99 Prozent der kleinen Fieslinge das Zeitliche segnen. Wer die Bakterien lieber *rare* oder *medium* mag, wählt einfach eine kürzere Zeit – nee, Quatsch. Fakt ist: Eine handelsübliche Mikrowelle ist ein guter Sterilisator. Und die Methode funktioniert auch bei Putzlappen oder

Feudeln. Aber nicht vergessen: Vor dem Aufheizen immer anfeuchten.

Achtung: Bloß keinen Metallschwamm in die Mikrowelle packen, denn sonst gibt's ein schönes Blitzgewitter und einen hässlichen Geräteschaden.

Die zweitschlimmsten Bakterienschleudern sind übrigens Telefone und Computertastaturen. Aber die sind kein Fall für die Mikrowelle, sondern fürs Mikrofasertuch. Obwohl …

13

EXPERIMENT
DIE BESTE RAKETE MEINER KINDHEIT

In meinen Kindertagen wurde Sportfliegern geraten, einen großen Bogen um unser Dorf zu machen. Das lag an meinen besten Kumpels Mirko und René sowie an meiner Wenigkeit, Verzeihung, Dicklichkeit. Die Gefährdung des heimischen Luftraumes begann, als wir eines Nachmittags mal wieder die Gegend unsicher machten. Der Plan war, mit einer Zeitung eine Fackel zu bauen, um das Feuerspucken zu erlernen. Das Feuer jedoch blieb ungespuckt – denn auf der Kinderseite der Zeitung fanden wir die Anleitung zum Bau einer Rakete! Die Idee war genial. Unser Playmobil-Männchen würde schon bald in die Schwerelosigkeit starten! Apollo, wir ziehen gleich!!!!

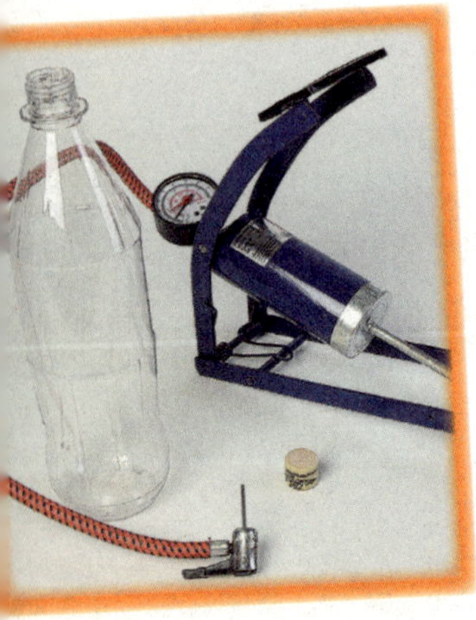

Die erforderlichen Materialien waren schnell aus dem väterlichen Schuppen zusammenstibitzt, und schon begannen wir mit dem Raketenbau. Die wichtigste Zutat war eine feste 1-Liter-Plastikflasche. Die wabbligen Einwegflaschen, die es mittlerweile ebenfalls zu kaufen gibt, eignen sich nicht besonders. Ansonsten brauchten wir nur noch einen Korken, eine Luftpumpe und Wasser.

Wir durchbohrten den Korken und steckten die Ventilnadel der Luftpumpe durch ihn hindurch. Hier empfiehlt sich eine Pumpe mit mehreren Aufsätzen; eine Auto-Fußpumpe mit einem spitzen Aufsatz funktioniert am besten. Außerdem ist man dadurch beim Start der Rakete weit genug entfernt, sodass die Kleidung nicht unnötig leidet. Den Playmobil-Astronauten befestigten wir mit einem Gummiband an der Buddel und gaben ihm herzliche Grüße an Juri Gagarin mit auf den Weg. Damit war die Präparierung schon fast erledigt.

Jetzt galt es nur noch, einen halben Liter Wasser in die 1-Liter-Plastikflasche zu füllen, diese zu verkorken, auf den Kopf zu stellen und kräftig zu pumpen. Nach ungefähr zehn Tritten auf die Pumpe hob unsere Rakete ab. Und, Leute, sie stieg höher, sehr viel höher als erwartet.

So erklärt sich der Höhenflug

Beim Aufpumpen der Rakete erhöht sich natürlich der Druck in der Flasche. Wenn der Druck stark genug ist, um den Korken aus der Flasche zu treiben, dient das Wasser gewissermaßen als Treibstoff. Es wird aus der Flasche herausgedrückt, die Flasche hebt ab und fliegt bis zu 80 Meter hoch! Ökologisch wertvoll ist das Ganze auch noch: Zum einen stammt die Antriebsenergie aus purer Muskelkraft, zum anderen bewässert das Wasser auch noch Ihren Garten beziehungsweise, wie in unserem Fall, das Feld eines Bauern. Ich warne Sie: Bei der beeindruckenden Flughöhe der Rakete ist eine freie Umgebung wirklich von Vorteil.

Im Übrigen können Sie die Funktionsweise des Antriebs jeden Morgen unter der Dusche erleben. Wenn Sie die Brause beim Anstellen des Wassers in der Hand halten, bewegt sich das Wasser in Ausströmrichtung, der Duschkopf hingegen bewegt sich von dieser weg. Derselbe Rückstoß treibt unsere Rakete an – nur, dass der Druck unter der Dusche (hoffentlich) schwächer ist. Eine Querbewegung von 80 Metern wäre in der engen Nasszelle eher unangemessen.

Ich empfehle Ihnen sehr, eine Abschussrampe für die Rakete zu konstruieren. Auch im Internet gibt es verschiedenste Anleitungen zum Bau dieser Rakete, meist jedoch ohne Rampe.

Ihr Nutzen ist aber nicht zu unterschätzen, wie ich aus schmerzhafter Erfahrung weiß. Ein normales Stück Plastikrohr eignet sich hierfür hervorragend. Auf der Abbildung sehen Sie mich mit einem durchsichtigen PVC-Rohr, denn das ist sicherlich am schönsten. Und auf gar keinen Fall sollten Sie von oben ins Rohr gucken!!! Es gibt eine geheimnisvolle Macht, die den Menschen immer wieder aufs Neue zu solchen Blödheiten treibt.[1] Und noch ein letzter Tipp: Vergessen Sie den Countdown nicht!

Das Playmobil-Männchen fanden wir übrigens nie wieder. Ob es wohl doch ins All gelangte? Verlor es in der Stratosphäre das Bewusstsein? Unterhält es sich auf einer geostationären Umlaufbahn mit Kommunikationssatelliten? Oder ist es vielleicht als Sternschnuppe verglüht? Wir werden es nie erfahren. Damals hatte ich der NASA einen Brief mit der Bitte um eine Suchaktion geschrieben, aber die sturen Ami-Säcke haben mir nicht mal geantwortet. Auch eine Methode, kindlichen Forscherdrang zu ersticken …

1 Zum Thema »ins Rohr gucken«: Zeitgenossen, die sich auf besonders dumme Weise aus dem Leben katapultierten, haben der Evolution meist einen wertvollen Dienst erwiesen. Darum werden sie hochverdient mit dem sogenannten Darwin-Award ausgezeichnet. *www.darwinawards.com*.

ERSTUNKEN UND ERLOGEN
FUNKTIONELLE STÖRUNGEN DES NEONAZIGEHIRNS

Mein Verstand ist extrem leistungsfähig, doch manche Dinge verstehe sogar ich nicht. Was beispielsweise in den Gehirnen von Rechtsradikalen vor sich geht – oder eben nicht. Nun bringen Wissenschaftler endlich Licht ins hohle Dunkel; Ausgangspunkt der Forschung sind die Nazisymbole.

Ihr Hakenkreuz haben die Nazis unter Umgehung des Copyrights von uralten Kulturen gemopst, die Swastika etwa existiert bereits seit Jahrtausenden in Indien.

Wie kommt es, dass der Inder – abgesehen vom gezielten Abtreiben weiblicher Föten – ein normal schlaues Leben lebt (oder gleich mehrere hintereinander), während der Nazi eine schwere Gedankenlähmung zu beklagen hat? Heute wissen wir, dass scharfe orientalische Gewürze die Nervenbahnen so modulieren, dass nur positive Bedeutungsgehalte ins limbische System gelangen. Nazis, die sich traditionell nicht an exotische Würzpflanzen herantrauen, genießen diesen Schutz nicht. Kapernsoße von Königsberger Klopsen und billiges Kameradschaftsabend-Bier bewirken sogar einen gegenteiligen Effekt, sodass sich lebensbejahende Denkfunktionen grußlos verabschieden. Ein weiterer Beleg für die positive Grundeinstellung ist die

Tatsache, dass in Bollywood-Filmen deutlich mehr gesungen wird als in Landserstreifen.

Heilungschancen des chronischen Rassismus

Eine therapeutische Umstellung der Ernährung hat nach der Kindheit leider keinen Erfolg mehr. Doch was hilft sonst? Linksautonome Versuche, Nazis den Hass aus dem Leib zu prügeln, sind ebenso gescheitert wie ganzheitliche Ansätze (»Tanz dein Problem«). Die Endo-Klinik Pirna berichtet nun über einen Vorfall, der einen neuen Weg weisen könnte. Ein Neonazi, der sich beim Reinigen seiner Wehrmachtspistole P38 in den Fuß geschossen hatte, benötigte dringend Spenderblut. Da die arischen Blutkonserven der Klinik aufgebraucht waren, wurde dem Kameraden kurzerhand das Blut eines schwulen Spenders verabreicht. Nach seiner Genesung mutierte der Glatzenträger zum sensiblen Landschaftsgärtner, trat in die PDS ein und verschickte parfümierte Liebesbriefe an Gregor Gysi. Scheinbar kann die Blutkonserve eines Homosexuellen tatsächlich vom Rassismus heilen.

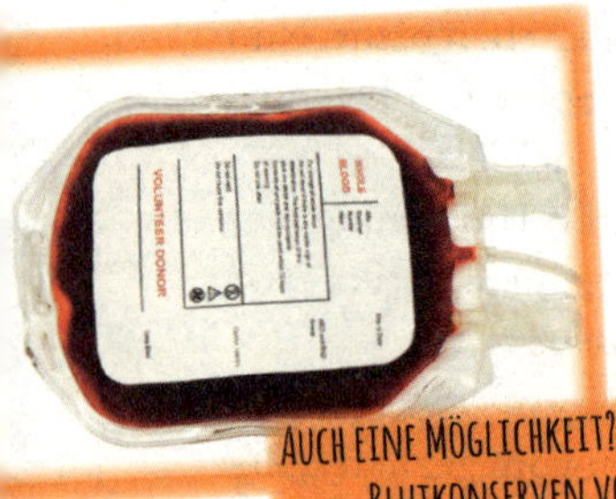

AUCH EINE MÖGLICHKEIT? – BLUTKONSERVEN VON WALDORF-SCHÜLERN

Hier muss dringend nachgeforscht werden! Ich halte es nämlich nicht für erwiesen, dass in Nazigehirnen höhere Hirnfunktionen existieren. Meiner Meinung nach werden Ausländerprügeln und Holocaustleugnen eher von der Darmperistaltik mitgesteuert.

WISSENSCHAFT ALS ZAUBERTRICK
MEIN ERSTER ZAUBERTRICK

Großonkels wissen, wie man kleine Kinder baff macht. Meiner hieß Onkel Hans und hat mir auf einer Familienfeier den ersten richtigen Zaubertrick gezeigt. Dass er mich so von der Ergreifung eines ernsthaften Berufs abgebracht hat, konnte er damals nicht ahnen. Bis dahin hatte ich wohl schon das übliche »Daumenabnehmen« gesehen oder jemanden, der meine Nase klaute und dann wieder aufsetzte, jedoch ist dieser Trick der erste, an den ich mich detailliert erinnere, weil ich schwerstens beeindruckt war.

Onkel Hans nahm eine Weintraube, die ich untersuchen durfte, und holte dann ein Glas mit Wasser. Er warf die Weintraube ins Glas, und sie sank auf den Boden. Klar, so weit konnte ich das auch. Dann allerdings murmelte er einen geheimnisvollen Zauberspruch (ich glaube, es klang so ähnlich wie: »Abrakadabra, dichverarschichaba«). Daraufhin stieg die Weintraube plötzlich nach oben und schwamm oben im Wasser. Mit großen Gesten wiederholte er die Beschwörungsformel, und die Weintraube sank zurück auf den Boden des Glases. Für mich ein absolutes Wunder. Die Weintraube gehorchte meinem Onkel. Hammer! Beziehungsweise Hämmerchen, ich war ja erst sieben Jahre alt. Und wie ein richtiger Zauberer verriet er mir den Trick auch nicht. Das brachte mich natürlich zum Ausrasten, und unter lautem Geschrei wurde ich schließlich auf mein Zimmer geführt (eine stille Treppe konnten wir uns nicht leisten).

In der Zeit bis zum nächsten Familienfest war ich äußerst emsig. Zum Geburtstag wünschte ich mir einen Zauberkasten und erlernte selber die Kunst der Magie. Na gut, die Tricks waren aus heutiger Sicht so lala … Aber ich wusste ja, dass Zauberer sich gegenseitig ihre Tricks verraten dürfen, und so lernte ich einen Trick besonders gut – als Tauschware für Onkel Hans. Es war der »Ballpokal«, bei dem man einen Ball aus einem Pokal nimmt, diesen mit einem Deckel verschließt, und der Ball beim Öffnen wieder im Pokal erscheint.

Dann endlich, das nächste Fest! Ich präsentierte stolz mein Kunststückchen, und schließlich verriet mir Onkel Hans tatsächlich seinen Trick.

Onkel Hans' Geheimnis

Die Erklärung verwunderte mich sehr, denn der Trick ist: Es gibt keinen. Man braucht nur ein Glas voll Mineralwasser mit viel Kohlensäure sowie eine Weintraube. Bei meinen Versuchen klappte es übrigens mit einer etwas älteren mittelgroßen Traube am besten.

Eine Weintraube ist schwerer als Wasser, und darum sinkt sie auf den Boden des Glases.

Durch die Kohlensäure bilden sich an der Weintraube schnell kleine, feine Kohlendioxidbläschen (ja, es ist das böse CO_2).

Die Gasblasen verleihen der Traube so viel Auftrieb, dass sie hinauf an die Oberfläche des Mineralwassers steigt.

Dort werden die Bläschen an die Luft abgegeben, und schon beginnt die Weintraube wieder zu sinken.

Ich war etwas enttäuscht, dass der Zauberspruch nur Show war und gar nichts bewirkte. Gleichzeitig wurde mir klar, wie wichtig es ist, die Zuschauer mit einer effektvollen Präsentation zu täuschen. Man muss diesen Trick einige Male geprobt haben, dann weiß man, wie schnell die Reaktion eintritt, und kann zur richtigen Zeit seinen Zauberspruch aufsagen.

Nun kannte ich Onkel Hans' dunkles Geheimnis. Er vergaß übrigens, meines zu erfragen. Und diese Wissenslücke war ihm nicht mehr zu schließen vergönnt, denn ich versteckte mich den Rest des Festes mit Mineralwasser und Weintrauben in meinem Zimmer.

SELTSAME ERFINDUNG
DAS FLOATING DEVICE

Über das Thema »Jesus geht über das Wasser« lasse ich mich in Kapitel 47 aus. Meine eigene alltagstaugliche Alternative zum heiligen Wasserwandeln ist nun eine Erfindung namens »Floating-Device«, die ich höchstpersönlich nachgebaut und getestet habe. Der praktische Nutzen leuchtet sofort ein, denn wie oft will man nicht schnell ein Gewässer überqueren, weil gegenüber eine Eisdiele mit dicken, sahnigen Kugeln lockt, auch wenn dummerweise gerade kein Brückenlegepanzer der Bundeswehr in der Nähe ist.

Falls Sie das praktische Ding nachbauen möchten, brauchen Sie zunächst eine wasserdichte lange Wathose für Angler. Sie steigen hinein und befestigen oben mit starkem Klebeband (zum Beispiel Duck Tape) mehrere Autoschläuche – fertig. Jetzt müssen Sie nur noch üben, sich durch das Wasser zu bewegen. Am besten trainieren Sie nicht unbedingt in einer trüben Brühe, denn wie ich aus patschnasser Erfahrung weiß, kann das Aussteigen ein wenig kompliziert sein.

Jetzt mal im Ernst: Was kann ich dafür, dass mein Anblick mehrere Kanufahrer derart erschreckt hat, dass sie gekentert sind? Ich jedenfalls fand es von der Wasserschutzpolizei maßlos übertrieben, mich gegen meinen Willen aus der Alster zu fischen. Andererseits würde ich sonst vielleicht heute noch im Wasser dümpeln.

17

EXPERIMENT
DIE BIERFONTÄNE

Am Anfang dieses Experiments stand eine bittere Erkenntnis: Mit Freunden wie diesen brauchst du keine Feinde! Ich hing gerade mit meinen Kumpels in einer Bar in Hamburg-St. Pauli ab, als mein Freund Murdoch – so sein Kampfname – eine dufte Idee hatte. Er schrie: »Prost!«, und knallte seine Gerstensaftbuddel von oben auf meine frisch geöffnete Bierflasche. Die physikalische Reaktion ließ nicht lange auf sich warten: Das Bier schäumte aus dem Flaschenhals heraus und überzog mich sowie Teile des Etablissements mit einem feucht-klebrigen Film, was mir die allgemeine Aufmerksamkeit und ein lebenslanges Lokalverbot sicherte.

Frisch auf die Straße gesetzt, hatte ich viel Zeit zum Nachdenken. Für mich war völlig klar, dass die Kohlensäure das Bier aus der Flasche getrieben hatte. Weit gefehlt, erfuhr ich ein Jahr später von der wissenschaftlichen Beraterin unserer *Plietsch*-Sendung, Ariane Seraphin. Denn der wahre Übeltäter ist der Schall. Er dringt nach dem Schlag in die Flasche ein, wird vom Flaschenboden zurückgeworfen, saust wieder nach oben, wird erneut reflektiert und flitzt in Sekundenbruchteilen so lange hin und her, bis er durch die Öffnung wieder aus der Flasche kommt. Der Schall reißt die Flüssigkeit hinter sich aus der Flasche – und ruck, zuck ist die Kneipe nass.

Zusätzlich entstehen durch den Schall verschiedene Druckzonen im Bier, sodass das Kohlensäuregas blitzartig aus dem Bier entweicht und dem Schlamassel eine spritzige Extranote verleiht. Die Hauptreaktion erzeugt jedoch der Schall, und der ist nichts anderes als eine Dichteschwankung. Nicht zu verwechseln mit der Dichteschwankung, wenn man am Wochenende aus seiner Lieblingskneipe wankt.

Jedenfalls kamen Frau Seraphin und ich auf die Idee, einen spektakulären Zimmerspringbrunnen auf Schall-Basis zu bauen. Dazu braucht man nur ein Bier (das reagiert am schönsten), einen Hammer sowie ein kleines Ultraschallgerät, in welches man Wasser füllt. Das Gerät gibt es im Elektromarkt für ungefähr zehn Euro, hinterher können Sie damit auch wunderbar Ihren Schmuck, Brillen oder Opas Dritte reinigen.

Ich erzeuge ein kleines Austrittsloch, indem ich dieses Mal den Kronenkorken auf der Flasche lasse und den Nagel durch die Mitte ins Bier hämmere. Achtung: Nagel unbedingt entfernen, wenn Ihnen Augenlicht und Leben lieb sind! Danach kommt die Flasche ins Wasserbad des Ultraschallgerätes. Gerät anschalten, und eins ... zwei ... Superfontäne!!!

Vorsicht: Nicht in geschlossenen Räumen vorführen, sondern eher als Höhepunkt der Gartenparty. Auch ich muss auf der Bühne auf die Sicherheit achten, denn die Fontäne kann bis zu zehn Meter in die Luft aufsteigen. Übrigens: Je dünner der Nagel, desto länger sprudelt die Fontäne. Das Ganze funktioniert auch mit Wasser und anderen Getränken, am erquicklichsten ist es mit Bier!

Eher unberechenbar ist, wo das Bier der Fontäne wieder herunterkommt. Meistens dicht neben der Startposition – aber manchmal trifft es auch das Publikum. Deshalb habe ich immer einen Laubbläser und Klopapier in meinen Shows. Wäre doch unhöflich, die Leute nicht sofort zu trocknen. Sie machen sich schick, gehen ins Theater mit Schlips und Kragen und allem Drum und Dran, und dann kommen Sie stinkend nach Hause, als wären Sie in der letzten Kaschemme gewesen.

Schall ist schon klasse ... und jeder kann ihn erzeugen ... in seinem Kehlkopf. Mir wurde ja leider keine so schöne Stimme in die Wiege gelegt. Warum? Es war kein Platz mehr.

WISSENSCHAFT ALS ZAUBERTRICK

RAUCH AUF UNSEREN FINGERN ODER: DIE MENSCHLICHE FACKEL – THE BEGINNING

Es wirkt wie Zauberei, ist jedoch relativ simple Chemie.

Der Effekt: Sie reiben Ihre Fingerspitzen so, als würden Sie das internationale laienpantomimische Zeichen für Geld demonstrieren. Pinkepinke … Sie reiben also ständig mit Zeige- und Mittelfinger an Ihren Daumen entlang, bis plötzlich Rauch aus dem Nichts entsteht. Beeindruckend! Noch beeindruckender ist höchstens, wie schnell riesige Geldmengen im Nichts verschwinden – live zu beobachten im Rahmen der Finanzkrise.

Sie können bei der Präsentation auch jemandem tief in die Augen blicken und sagen: »Baby, ich bin so heiß, dass es raucht.« Für diese abgestandene Anmache gäbe es normalerweise hochverdient eins auf die Omme – aber wenn es dann wirklich anfängt zu qualmen, sieht die Sache schon ganz anders aus.

Und wie geht das? Alles, was Sie für die Vorbereitung dieses Effekts benötigen, ist

- ein Päckchen Streichhölzer und
- ein Aschenbecher.

Schneiden Sie eine Zündfläche aus dem Päckchen heraus, und knicken Sie sie in der Längsrichtung, sodass sich die Zündfläche im V befindet. Nun legen Sie dieses Stück V-Pappe mit der Zündfläche nach unten in den leeren Aschenbecher. Somit haben Sie ein A, und das können Sie eventuell gegen ein Z an den Herrn in der Sesamstraße tauschen. Nee, Quatsch … STIMMUNG!

Jetzt nehmen Sie ein Streichholz, entflammen es an der verbleibenden, nicht geknickten Zündfläche Ihrer ramponierten Schachtel und entzünden die Reibfläche im Aschenbecher. Falls das Stück nicht richtig brennen will, müssen Sie es noch mal hochnehmen, ordentlich unter Flammen setzen und schnell zurücklegen.

Wenn die Pappe verbrannt ist, können Sie den Ascher leeren. Dabei wird Ihnen auffallen, dass am Boden des Aschenbechers auf der Länge der Zündfläche ein schmieriger Film entstanden ist. Diesen Film wischen Sie nun mit Ihrem Zeige- und Mittelfinger auf, und fertig ist die Präparierung! Jetzt müssen Sie nur noch die Finger am Daumen hin und her reiben, und es entsteht der magische Rauch.

Erklärung: Die Zündfläche enthält neben Glaspulver auch roten Phosphor. Dieser wird durch die Hitze verdampft und kondensiert an der kalten Aschenbecher-Oberfläche. Er verändert dabei seine Kristallstruktur und verwandelt sich teilweise in reaktionsfreudigen weißen Phosphor – und der lässt sich schon durch einfaches Reiben zur rauchenden Oxidation bewegen. Vorsicht, das Zeug ist giftig, also nicht die Fingerchen ablecken! Hinterher gut abwaschen, und auch nicht die Verbrennungsdämpfe einatmen! Wobei wir es hier nur mit so geringen Mengen zu tun haben, dass mir das Risiko beherrschbar scheint, und Ihr seid ja schon erwachsen.

Und jetzt kommt der Hammer: Wenn man das Experiment im Dunklen durchführt, sieht man die Finger sogar leuchten, sie phosphoreszieren also richtig E.-T.-mäßig! Gut, wenn's zappenduster ist, sieht man zwar den Rauch nicht, aber man kann eben nicht alles haben im Leben. Das wusste schon meine Tante Gretel, als sie Onkel Willy geheiratet hat.

19

KONRADS FAMOSE HAUSHALTTIPPS
WASSER MARSCH!

Der Duschvorhang ist mein Feind und klebt sich gerne an den nassen Körper, statt einfach seinen Job zu machen. Und auch der Duschkopf hasst mich. Zu seiner Verteidigung kann ich lediglich anführen, dass bei mir zu Hause ziemlich hartes Wasser aus der Leitung kommt. Trotzdem glaube ich, dass er seine Löcher vorsätzlich mit Kalk verstopft, damit ich mich schön über das klägliche Rinnsal ärgere.

Doch ich bin ja schlau und habe immer Essig im Haus, das Standardhausmittel gegen Kalk. Einen Duschkopf mit Schlauch könnte man einfach über Nacht in eine Schüssel mit Essig stellen. Das funktioniert zwar, verpanscht aber unnötig viel von dem sauren Zeug. Da ist der folgende Tipp doch viel smarter, und vor allem funktioniert er auch bei Duschköpfen, die fest an der Wand montiert sind.

Der Weg zur kalkfreien Dusche ist ganz einfach: Wir füllen einen kleinen Plastikbeutel mit Essig, ziehen ihn über den Duschkopf und befestigen den Beutel mit einem Gummiband. Über Nacht einwirken lassen, und schon prasselt morgens wieder ein feiner Schauer in der Dusche.

Einige Hersteller raten dazu, ihre Duschköpfe von Säure fernzuhalten, was ich etwas merkwürdig finde. Wer Zweifel hat, kann sich deshalb vorsichtshalber schlaumachen oder ein Tröpfchen Essig an unauffälliger Stelle austesten. Bei mir funktioniert es jedenfalls eins a.

Wer kommt überhaupt auf die Idee, Duschköpfe fest an die Wand zu schrauben? Wie, bitte schön, soll man da dem kalten Wasserstrahl ausweichen, solange er noch nicht warm ist? Wenn ich nicht die Gelassenheit eines Buddha hätte, könnte ich mich schon wieder aufregen …

20

FORSCHUNG AUF ABWEGEN
NACKTE FINNEN

Finnland besteht zu großen Teilen aus kaltem Wasser, die Hälfte des Jahres ist es dunkel, und der Sommer ... fällt meistens aus. Rein statistisch fallen Finnen eher besoffen vom Anglerboot in einen See und ertrinken, als dass sie von einem Auto überfahren werden. Ihre Lebensfreude steigt niemals höher als eine Skisprung-Normalschanze, und die finnische Sprache mit ihren Krächz- und Knacklauten lässt sich nur unter Schmerzen hervorpressen. Dazu tanzen die Finnen traurigen Tango und sehen depressive Schwarz-Weiß-Filme von Aki Kaurismäki.

Begeisterter Finne

Dennoch, und das ist erstaunlich, pflanzen sich selbst Finnen fort. Als Außenstehender frage ich mich: Warum eigentlich? Doch Jari Hietanen von der Universität Tampere und Lauri Nummenmaa von der Aalto Universität in Espoo haben eine mögliche Antwort gefunden. Im Rahmen einer wissenschaftlichen Studie hat sich den beiden Forschern Erstaunliches offenbart: Der Anblick eines unbekleideten menschlichen Körpers löst in Sekundenbruchteilen eine stärkere Hirnaktivität aus als die Gesichtererkennung. Das menschliche Gehirn reagiert also schneller und intensiver auf nackte Haut als auf ein freundliches Gesicht. Dieser Impuls ist den beiden Wissenschaftlern zufolge der Evolution geschuldet: Sexuelle Signale des nackten Körpers besonders schnell und effizient verarbeiten zu können erleichtert die Suche nach einem geeigneten Sexualpartner und dient der Arterhaltung. Gesichter spielen dabei – rein biologisch – nur eine untergeordnete Rolle.

Folgerichtig erfanden die Finnen bereits vor Hunderten von Jahren die Sauna. Ohne Sauna keine nackte Haut. Ohne nackte Haut keine Fortpflanzung. Ohne Fortpflanzung keine Finnen. Simpel, diese Evolution.

Dass ein sympathisches Gesicht nicht so wichtig sein soll, mag ich kaum glauben. Zum Glück habe ich ja beides: eine gewinnende Ausstrahlung und einen reichlich begehrenswerten Körper. Auch deshalb werde ich niemals eine Diät machen – die heißt auf Finnisch übrigens »Wamppiwekkinen«.

21

SELTSAME ERFINDUNGEN
DER WASSERDICHTE TEEBEUTEL

Wir alle kennen das Problem: Nur einmal Teekochen, und schon ist der Beutel feucht, pappig, ausgelaugt und zu nichts mehr zu gebrauchen. Das nasse Teil wandert in den Kehrichteimer, wo er treffsicher das einzige Löchlein im Müllbeutel findet, in den Eimer sickert und beim nächsten Müllraustragen den teuren Teppich besudelt.

Was für eine Sauerei! Was für eine Verschwendung! Ich habe diesem Missstand höchstpersönlich den Kampf angesagt und eine bahnbrechende Erfindung gemacht: den wasserdichten Teebeutel.

Der Beutel besteht aus robustem Kunststoff, ist vollkommen geschmacksneutral, spülmaschinenfest und kann vieltausendfach wiederverwendet werden. Die Vorteile sind überzeugend:

- Der kostbare Tee bleibt wie neu, denn Aussehen und Aroma werden nicht beeinträchtigt.
- Durch die saubere Handhabung bleibt in der Küche mehr Platz für Joghurt-, Saft- und Schokoflecken.
- Besonders geeignet für Deutschlands beliebteste Teesorten: Wilde Harmonie, Rooibos Früchtetraum, Yogi-Stachelbeer, Energy-Balance und Blumiger Sonnenschein

→ Dank der Trockenbrüh-Technik kann die Ziehzeit beliebig ausgedehnt werden. Ich persönlich trinke währenddessen eine ganz entspannte Tasse Kaffee.

Bis heute gieße ich täglich einen Hagebuttentee aus dem Jahr 1983 auf, den mir einst meine Großmutter vermacht hat.

22

KONRAD TESTET
KONRAD IM WINDKANAL

Ich darf offiziell den Titel »Meister der Leidensfähigkeit im Dienste der Volksbildung« tragen – dem Norddeutschen Rundfunk sei Dank. Bei einem Extremtest bei *Plietsch* wollten wir ausprobieren, bei welcher Geschwindigkeit ein Mensch abhebt. Der Mensch, das war natürlich ich. Wir hatten Sommer, und auf den stürmischen Herbst konnten wir nicht warten. Außerdem haben wir in unseren heimischen Gefilden selten Orkane, die Leute durch die Luft wirbeln. Also reisten wir nach Wien, zum größten Klima-Windkanal der Welt. Wir durften ihn sogar einen ganzen Tag lang nutzen.

Zunächst bekamen wir Sicherheitsausweise und eine Führung durch die Anlage. Sie war riesig. So groß, dass sogar Schienenfahrzeuge, Flugzeuge oder Hubschrauber hineinpassen. Einmal wurde hier tatsächlich ein ganzer Wald mit Bäumen aufgebaut und kontrolliert angeblasen, um den Pollenflug zu vermessen. Auch Skispringer testen hier schon mal die Aerodynamik ihres Anzuges.

In dem 100 Meter langen Kanal können Windgeschwindigkeiten von 300 km/h erzeugt werden und Temperaturen von minus 45 bis plus 60 Grad Celsius. Außerdem ist es möglich, Regen und Schnee auf das Testobjekt loszulassen. Natürlich wird für die Riesenanlage sehr viel konstante Energie benötigt, und so verfügt sie über eine eigene Leitung zum nächsten Kernkraftwerk. (Windkrafträder wären mir sympathischer gewesen.)

Wir starteten mit einem sommerlich-heiteren Setting. Dazu gehörten ein Sonnenschirm, ein kleiner Tisch, ein Son-

nenstuhl sowie ich als Testperson. Zack, noch eine Zeitung in die Hand gedrückt, und schon durfte ich in dem Stuhl Platz nehmen. Langsam wurde nun die Riesenturbine gestartet, und die Windgeschwindigkeit erhöhte sich. Schon bei zehn bis 15 km/h war das Lesen der Zeitung unmöglich. Bevor mir das Tageblatt aus den Händen gerissen wurde, glaube ich noch gelesen zu haben, dass Jörg Haiders FPÖ bei einem Prozent stand. Das vergnügte mich, obwohl ich wusste, dass ich mich nur verguckt hatte. Als Nächstes verabschiedete sich der Sonnenschirm und wirbelte 100 Meter den Kanal hinunter (die riesige digitale Anzeige stand gerade mal bei 30 km/h). Der Chef in der Kommandozentrale drehte weiter auf. Als die Anlage 70 km/h erreichte, segelte der Holztisch an mir vorbei, krachte auf den Boden und dann gegen die Wand, bevor er sich endgültig im Auffanggitter am Ende des Kanals zerlegte. Das war schon mal ein schöner Knalleffekt. STIMMUNG!!! Jetzt wäre eigentlich der Sonnenstuhl an der Reihe gewesen – aber mit mir obendrauf? Keine Chance. Also stand ich auf, und blitzschnell wurde mir auch noch das letzte Requisit unter dem Hintern weggeblasen.

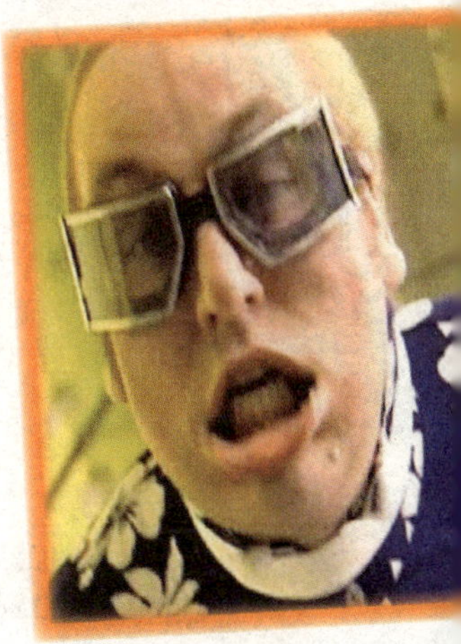

Doch Germany's next Top-Moppel haut so leicht nichts um. Deshalb erhöhte der Herr der Winde die Sturmgeschwindigkeit auf 100 km/h. Jetzt begann es, richtig Spaß zu machen, weil ich mit Rückenwind 3-Meter-Sprünge machen konnte. Bei 130 km/h wurde mir dann langsam mulmig. Wäre ich dann auf mein Antlitz gefallen, hätte das recht unschön enden können. Also wurde die Anlage gestoppt,

damit ich ordentlich befestigt werden konnte. Ich quetschte mich in einen Bergsteigergurt, und dieser wurde mit Seilen an den Wänden des Kanals befestigt. Anlage wieder an, es kann weitergehen! Die Turbine beschleunigte den Wind sogleich auf 150 km/h. Noch stand ich am Boden. Die größte Schwierigkeit war nicht etwa, stehen zu bleiben, sondern den Kopf gerade zu halten, der vom Sturm in den Nacken gedrückt wurde. An dieser Körperpartie bin ich werkseitig zwar mit einer stiernackigen Fettpolsterung ausgestattet, aber genutzt hat's nix.

Langsam musste ich all meine Kraft aufbieten, um dem Wind Paroli zu bieten, besonders als er auf 180 km/h erhöht wurde. Und ich kämpfte weiter: 200 km/h ... 220 km/h ... Plötzlich hielt es mich nicht mehr auf den Beinen, und ich flog. Leider nicht frei wie ein Vogel, sondern eher wie eine Marionette der Augsburger Puppenkiste. Ich hob tatsächlich ab und hielt mich in der Luft (währenddessen dachte ich darüber nach, ob die Belastung durch meinen Körper wohl das Kernkraftwerk in die Knie zwingen würde). Nun ist es also wissenschaftlich erwiesen: Handelsübliche Konrads heben bei 220 km/h ab.

Der Test war geglückt, die Szenen waren im Kasten, und da wir uns erst in den frühen Nachmittagsstunden befanden, blieb noch Zeit für weitere Experimente. NDR-Redakteur Niels hatte also erneut die Chance, seine bösartige Phantasie spielen zu lassen. (Keine Angst, Niels, mittlerweile habe ich dich wieder lieb.) Er kam auf die glorreiche Idee, einfach mal zu

SORRY FÜR DAS VERWACKELTE BILD, ABER ICH HEBE GERADE AB.

schauen, wie sich ein Körper (genauer gesagt, mein Körper) bei extremer Hitze und extremer Kälte verhalten würde. Das ganze Team hielt das für eine super Sache. Ich zu diesem Zeitpunkt auch, denn ich wusste ja nicht, was auf mich zukommen würde.

Die Hitze machte mir nichts aus. Ich hatte noch das Sommeroutfit vom ersten Experiment an und schwitzte glücklich vor mich hin (hier kam mir meine Erfahrung als Saunagänger zugute). Doch dann setzte dummerweise die Kälte ein. Und wenn ich sage Kälte, dann meine ich Kälte.

Erst stellten sich sämtliche Haare am Körper auf, dann ziepte es in der Nase. Ich konnte gar nicht so schnell bibbern, wie ich fror. Und zum krönenden Abschluss weckte ein Wasserschlauch am Anfang des Kanals die Neugierde von Sado-Niels: »Was kann man denn damit machen?« Ein Kanalarbeiter antwortete: »Na ja, bei der Kälte wird das Wasser, wenn Sie es aus dem Schlauch heraus auf Ihren Konrad spritzen, noch in der Luft zu Eis.« Zugegeben, ich war ebenfalls neugierig, doch hatte ich die Konsequenzen nicht voll erfasst. Gesagt, getan, das Wasser wurde in der Luft zu Eis und ich von einer dicken Eiskruste bedeckt. Bei der kleinsten Bewegung knackte und knisterte die Kruste auf meiner Haut, und meine Gesichtszüge froren im wahrsten Sinne des Wortes ein. Erfrieren soll ja ein sehr friedlicher Tod sein. Ich kann das bestätigen, denn meine Sinne schalteten langsam in den Schongang und gaukelten mir putzige Dinge vor. Ich glaubte sogar, eine große, zottelige Figur im Schneesturm entdeckt zu haben. Entweder war es ein Windkanal-Assistent mit dicker Pelzkragen-Daunenjacke, oder ich habe den Yeti gesehen.

Leider vergaß ich hinterher nachzufragen. Aber das ging sowieso nicht, denn ich brauchte allein zehn Minuten, um mit einem Fön die Lippen wieder voneinander zu lösen. Nach dieser Zeit war auch mein Zorn verraucht, sodass ich Niels nicht mal ordentlich zusammenfalten konnte.

Eigentlich sollte am Tag nach der Aktion eine lukrative Auftrittsserie starten. Die musste ich komplett absagen, denn leider hatte mich eine heftige Grippe erwischt. Was ich während der Fieberschübe so alles sah, beschreibe ich Ihnen eventuell im nächsten Buch.

Unser Experiment verbrauchte so viel Strom, dass meine persönliche CO_2-Bilanz wahrscheinlich bis ans Lebensende verhagelt ist. Alles im Dienste der Wissenschaft.

EXPERIMENT
WARUM EXPLODIERT HAUSSTAUB? WESHALB NIESEN WIR? WIE FUNKTIONIERT FEUERSPUCKEN?

Herrlich, jetzt wird's gefährlich! Wir wollen eine Staubexplosion erzeugen, und die kann ein echter Killer sein. In Getreidemühlen, sonstigen Betrieben und im Steinkohlebergbau kommt es weltweit regelmäßig zu trockenen Explosionen, die Todesopfer fordern. Experimentieren Sie deshalb bitte nur mit kleinen Mengen, und sorgen Sie dafür, dass keiner in der Nähe raucht und kein offenes Feuer in der Umgebung zu finden ist.

Wer das beherzigt, kann mit Hausstaub vorzügliche Experimente machen. Und noch eine Empfehlung: Kaufen Sie lieber Bärlappsporen (Lycopodium) in der Apotheke. Damit können sich Anfänger beim Einatmen des Staubes nicht so schnell vergiften und sich beim Feuerspucken nicht so leicht verbrennen.

Die reine Staubexplosion

Für einen sehenswerten Rumms benötigen Sie

- ein Feuerzeug
- einen Trichter
- ein Stativ
- eine Kerze sowie
- einen ein Meter langen Schlauch.

Befestigen Sie den Trichter am Stativ, stecken Sie den Schlauch auf das Ende des Trichters, und füllen Sie dann etwas Lycopodium (ein bis zwei Esslöffel) in den Trichter. Zünden Sie die Kerze an, und platzieren Sie sie neben dem Trichter; die Flamme sollte etwas unterhalb des Trichterrands brennen. Zur Sicherheit können Sie auch einen großen Kunststoffzylinder über den Versuchsaufbau stellen.

Den Zylinder können Sie leicht selber herstellen. Im Baumarkt finden Sie flexibles, durchsichtiges PVC, mit dem beispielsweise Laubendächer abgedeckt werden. Ein Stück von ein mal einem Meter sollte reichen und kostet circa acht Euro. Das PVC rollen Sie zu einem Zylinder und fixieren es von außen mit Klebeband. Da der Schlauch unten herausgucken soll, müssen Sie den Zylinder noch an der Unterseite mit einer stabilen Schere einkerben. Bei der Präsentation bitten Sie um allgemeine Aufmerksamkeit, nehmen allen Mut zusammen und pusten in den Schlauch. Das Lycopodium wird aus dem Trichter geblasen, entzündet sich, und – potz Blitz! – ein Feuerball entsteht. Wunderschön!

Manche Zuschauer machen den Schlaumeier und behaupten, es handele sich bei dem Pulver um einen Brandbeschleuniger. Drücken Sie dem Skeptiker das Feuerzeug in die Hand, schütten Sie ein kleines Häufchen Lycopodium auf eine Unterlage, und sagen Sie ihm, er soll es anzünden – es wird nicht klappen.

Unsere knallige Reaktion ist nämlich nur deshalb möglich, weil die Sporen beim Pusten fein in der Luft verteilt werden. Die winzigen Partikel haben von Natur aus eine riesige Oberfläche, doch erst wenn sie in der Luft schweben, hat der Sauerstoff freien Zutritt, und die Verbrennung kann starten.

Was lernen wir daraus? Erstens, mit dem richtigen Versuchsaufbau bekommt man sogar Besserwisser zum Schweigen. Zweitens, feine Partikel sind leichter zu entzünden als eine dichte Oberfläche. Dazu noch ein passendes Beispiel: Stahlwolle brennt mit heller Flamme, probieren Sie's ruhig aus. Den Versuch, einen Eisennagel anzuzünden, können Sie sich dagegen sparen.

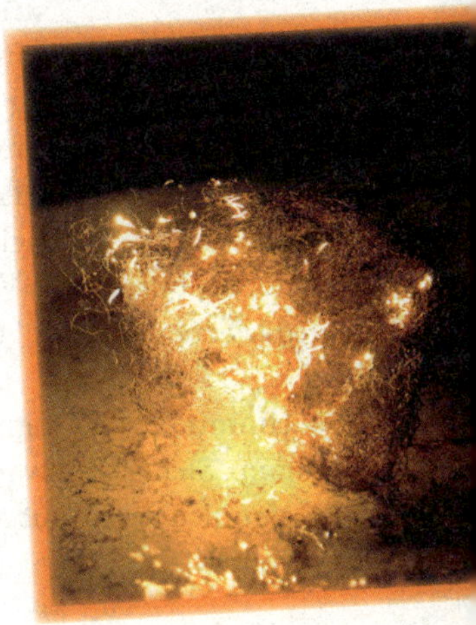

Kleiner Nebeneffekt: Beim schnellen Ausströmen laden sich die Sporen elektrostatisch auf. Genau das passiert auch mit Staub, der in die Nase strömt, per Elektrizität die Schleimhäute reizt und ein explosionsartiges Niesen erzeugt. Ist nur nicht ganz so trocken wie unser Versuch. Hinweis für Alleswisser: Ich bin mir bewusst, dass die Wahrheit komplizierter ist und allergisches bzw. Schnupfen-Niesen sowieso ganz anders funktioniert. Wer jetzt aber immer noch zweifelt, kann von mir aus einen Eisennagel anzünden.

Und nun zum Feuerspucken. Das funktioniert im Prinzip genau wie unser Experiment, nur der eigene Körpereinsatz ist größer. Das Risiko lässt sich allerdings beherrschen: Sie befüllen ein kleines Röhrchen mit den Sporen, halten eine Fackel – kein kurzes Streichholz! – in circa 50 Zentimeter Abstand vor sich und pusten ein Mal stark. WUSCH! Sie können die Sporen (genauso gut geht es mit Mehl) auch direkt in den Mund stecken. Allerdings wird die Spucke das Ganze schnell zu einem fiesen Brei verkleben. Dabei habe ich einmal mein Frühstücksbrötchen wiedersehen können und empfehle daher dringend ein Röhrchen.

Ebenfalls wichtig: Bloß nicht einatmen, sonst wird's gefährlich! Zumindest kann man sich eine Mehllunge zuziehen, kein Witz. Professionelle Feuerspucker nehmen oft Petroleum oder andere Flüssigkeiten und pusten sie in die Flammen. Jedoch gibt es durch Verbrennungen beim Einatmen und durch das Schlucken der Flüssigkeit regelmäßig Tote.

Hmmm ... das Kapitel hat mit den Sicherheitswarnungen ja ziemlich ernst aufgehört. Pech gehabt!

ERSTUNKEN UND ERLOGEN
NUTZLOSE TIER- UND PFLANZENARTEN – EVOLUTION AUF DEM HOLZWEG

Dass ich mich auf einem evolutionären Spitzenplatz breitmache, ist unbestritten. Doch es gibt auch Tier- und Pflanzenarten, die keinerlei Zweck erfüllen. Während alle anderen Gattungen in fein ausbalancierte Ökosysteme integriert sind, könnte die Natur auf diese Kreaturen verzichten, ohne dass es eine Sau interessieren würde. Hier ein Auszug aus der Liste der leider nicht bedrohten Arten:

- Der Minimal-Molch, dessen Fähigkeiten sich allein auf dummes Rumhängen beschränken. Die Agentur für Arbeit hat ihn bereits auf dem Kieker.
- Die Schlixuppe, ein unförmiger Gründelfisch, dessen Kot von Wasserpflanzen als Dünger entschieden abgelehnt wird.
- Die Waldmomme aus der Familie der Mummeltiere. Erst kürzlich beobachtet von meiner Mama und ihrer Freundin Mimmi in Memmingen.
- Der Sumpfsaibling, auch »Schlauchsaibling« oder »Silbersack« genannt. Versuche, mit dem zähen Tier Badmintonschläger zu bespannen, schlugen regelmäßig fehl.
- Die Knallerbse aus der Familie »Hülsenfrüchte – die Trompete des kleinen Mannes«. Bei ihrem Verzehr finden kleine Nager regelmäßig einen unschönen Tod.
- Der Umfaller aus der Familie der Einbeinigen. Weigert sich standhaft, in deutlich vorteilhaftere Hanglagen umzusiedeln.

- Die Doppeltrötige Flitzpiepe. Ein kleiner Laufvogel, der wegen seiner Zweiklang-Fanfare im ganzen Tierreich als lästig empfunden wird.
- Der Schleimige Schönling aus der Familie der Glibberpilze. Weist unter seinem Hut eine »Tätschel-Ausstülpung« auf, um andere Lebewesen unten anzufassen.

Wie schlimm es sein muss, als grausame Laune der Natur nicht gebraucht zu werden, kann ich mir kaum vorstellen. Schließlich stand meine Wenigkeit stets auf der Sonnenseite des Soziallebens: Meine Gesellschaft wurde geschätzt, mein Rat gesucht, mein Körper begehrt, mein Buch gekauft. Dafür bin ich sehr dankbar. Außerdem ist es mir gelungen, mit dem Sumpfsaibling eine Gitarre zu bespannen. Am Sound arbeite ich noch.

WISSENSCHAFT ALS ZAUBERTRICK
MAGISCHER SAND

Einen grandiosen Trick, nein, ein echtes Wunder zeigte mir mein früherer Mentor Dr. Franz-Eugen Hieronimus. Der Zahnarzt meines Vertrauens (heute leider im Ruhestand) ist ein begabter Zauberkünstler und half mir besonders am Anfang meiner Karriere. Während seine Zahnarztpraxis nicht gerade mein bevorzugter Aufenthaltsort war, habe ich seinen ausgebauten Dachboden geliebt. Dort befand sich eine großartige Zaubersammlung, die viele Grundsteine meines heutigen Magie-Wissens legte. Dr. Hieronimus nahm meine Zauberleidenschaft sehr ernst, und so durfte ich nach Herzenslust alle Requisiten und Apparaturen mit meinen Fingerchen betatschen und ausprobieren. Dadurch konnte ich im Laufe der Zeit auch einen Haufen Geld sparen, weil ich nicht in total beknackte Zaubertricks investieren musste.

Eines Tages lief ich schon vor auf den Dachboden und sah dort eine Schüssel, die mit einer Flüssigkeit gefüllt war. »Komisch«, dachte ich mir, »ist das eine Bowle, und kommen heut noch mehr Zauberer?« Doch da kam der Doc bereits strahlend nach oben und stellte sich hinter die Schüssel (er freute sich immer wie ein Schneekönig über neue Tricks und Erfindungen). Seine Präsentation begann etwa so:

»Ich habe hier eine Schüssel voller Wasser. Und hier, Konrad, siehst du drei Schalen mit verschiedenfarbigem Sand – rot, gelb und blau. Was denkst du, was passieren würde, wenn ich den ganzen Sand nun in das Wasser streue?« Ich: »Der Sand wird nass!« Hieronimus: »Ja, aber das meinte ich nicht! Was passiert denn noch?« Ich: »Na ja, die verschiedenen Sande werden sich vermischen.« Er nahm aus jeder Schale etwas Sand und streute ihn in die Schlüssel. »Das ist richtig, und wenn sich die Sande vermischen, ist es eine Heidenarbeit, sie Korn für Korn wieder zu trennen und in die Schalen zu sortieren. Außerdem kleben durch die Feuchtigkeit alle Körner aneinander.« – »Klar so weit!«, antwortete ich. Der Doc: »Helfen kann da nur die Zauberei. Die geschieht ja oft im Verborgenen, und darum verberge ich nun durch dieses Papier die Sicht auf das Wasser.« Hieronimus nahm einen Ring, den er aus Kartonpapier zusammengeklebt hatte und stellte ihn um die Wasserschüssel.

Aus dem Nichts erklang dramatische Musik. Damit konnte er mich nicht reinlegen, eine Fernbedienung für meine Anlage hatte ich selber. Netter Versuch ... Doch nun nahm Hieronimus eine Handvoll roten Sand und streute ihn in die Schüssel. Es folgten eine Handvoll gelber Sand und blauer Sand. Anschließend nahm er einen Holzlöffel und rührte alles um. »So, nun nenne mir eine der drei Farben!« Ich antwortete: »Blau!« Mit bloßer Hand griff er in die Schüssel und brachte den blauen Sand zum Vorschein, perfekt sortenrein! Und das war noch nicht alles, nein, der Sand war trocken – ich durfte ihn direkt untersuchen. »Welche Farbe willst du jetzt?«, fragte mich mein Meister grinsend. »Rot!«, antwortete ich immer noch verdutzt. Abermals griff er mit der Hand in die Schüssel und brachte den trockenen roten Sand an Land. Als Letztes holte er noch den gelben Sand trocken aus der Wasserschale und ließ ihn aus der Hand rieseln. »Denk mal drüber nach!«, meinte Hieronimus, und somit war mein Gehirnchen den ganzen Abend lang beschäftigt.

Hatte er etwa unbemerkt Magnete in der Schale positioniert, und der »Sand«

bestand in Wirklichkeit aus Metallspänen? Die wären aber ja trotzdem noch lange nicht trocken! Oder gelang es ihm irgendwie, Trennwände im Wasser zu platzieren? Vielleicht in dem Moment, als er den Pappring über die Schlüssel legte? Somit wäre das Umrühren nur ein Fake. Oder hatte die beknackte Musik, die aus der Anlage unter seinem Tisch erklang, irgendetwas mit dem Geheimnis zu tun? Alles möglich, aber keine Theorie davon erklärte, warum der Sand trocken aus dem Wasser kam. In meiner Verzweiflung erwog ich sogar, dass mein zauberhafter Doktor mit Außerirdischen zusammenarbeitete, die mit einer Maschine die Zeit anhalten konnten, sodass die Aliens den Sand in aller Ruhe trockneten und Körnchen für Körnchen sortierten (extraterrestrische Wesen sollen wahre Fleißbienchen sein). Die Lösung folgte am Ende des Abends, als ich mir vor Nervosität schon längst die Fingernägel abgekaut hatte.

Hier die Erklärung zum Mitlesen und Nachmachen: Es lag tatsächlich am Sand. Doch der war nicht etwa magnetisch, sondern hydrophob. Hydrophober Sand, auch »Space Sand« genannt, ist zu 100 Prozent wasserabstoßend. Er lässt einfach nicht zu, dass ihn Wassermoleküle durchdringen und die Kornoberflächen benetzen. Dieser Spezialsand kommt im Garten- und Landschaftsbau zum Einsatz (in warmen Ländern kann er verhindern, dass zu viel kostbares Wasser in den Grund sickert), und man nutzt ihn zur Anlage künstlicher Teiche. Im Hochwasser- und Küstenschutz macht er sich besonders nützlich, da derartig gefüllte Sandsäcke nicht durchfeuchten. Auch wird er dank seiner Öl aufsaugenden Eigenschaften gerne dort eingesetzt, wo man nach einem Unfall die fettige Pampe binden muss.

Den Spezialsand kann man fertig kaufen, aber das sollten Sie nicht tun, denn er ist sehr teuer. Gehen Sie lieber in den Bastelladen, und kaufen Sie verschiedenfarbigen Dekosand.

Den breiten Sie dann jeweils auf einem Stück Aluminiumfolie oder Backpapier aus und behandeln ihn gründlich mit Imprägnierspray: einmal gut einsprühen, dann trocknen lassen und den Prozess wiederholen. Schon haben Sie hydrophoben Sand, und der Trick beziehungsweise das Experiment kann starten. Sie werden sehen, dass der Sand von selbst kleine Haufen im Wasser bildet (so, als würden Sie Eiweiß in heißes Wasser kippen) und darum leicht wieder herausnehmbar ist.

Der Effekt wird durch das Umrühren verstärkt. Und da hat es Hieronimus doch wirklich geschafft, mich zu foppen, denn umgerührt hat er in Wahrheit nicht. Beim Herabsenken des Holzlöffels verbarg er ein gutes Stück des Löffels in seiner Hand. Es sah zwar aus, als würde er das ganze Wasser mit dem Sand umrühren, jedoch rührte er nur an der Oberfläche herum. Und das sieht so aus:

Ach ja: Wenn Sie schon im Bastelladen sind, vergessen Sie nicht die Pappe, mit der Sie den Sichtschutzring kleben. Dieser muss gut um die Schüssel passen und sollte einige Zentimeter höher sein als ihr Rand. Und jetzt: Viel Glück!

KONRADS FAMOSE HAUSHALTTIPPS
DER PASTA-FIDIBUS

Auf der Bühne habe ich schon Feuerbälle, kleinere Großbrände und Explosionen gemeistert – ich darf mich also mit einigem Recht als »Herr der Flammen« bezeichnen. Als mich meine Freundin neulich bat, die schöne Dekokerze anzuzünden, schaute ich aber doch ein wenig dumm aus der Wäsche. Die Kerze bestand aus Wachs, das in ein ziemlich enges und einigermaßen hohes Glas hineingeschmolzen war. Da sie schon tief heruntergebrannt war, verkokelte ich mir mit Streichhölzern nur die Griffel, statt die Kerze zu entzünden (ich hatte lediglich die normal kurzen Hölzlein im Haus). Nach einer kurzen Denkpause warf ich einen Blick ins Internet und fand tatsächlich den passenden Ratschlag: Man kann eine Spaghetti anzünden, als Fidibus benutzen und so die schwer erreichbaren Dochte unter Feuer setzen. Die Nudel brennt zwar nicht supergut, aber zum Kerzenanzünden reicht's. Sie darf nur nicht gekocht sein.

27

SELTSAME ERFINDUNGEN
DER WURSTKATAPULTGRILL

Wer mich kennt, der weiß, dass ich eine gespaltene Persönlichkeit habe. Da wäre der unglaublich sympathische Wissenschafts-Comedian Konrad Stöckel auf der einen Seite, der mit seinem gewinnenden Wesen das Publikum verzaubert, es zum Staunen und, ja, manchmal auch zum Träumen bringt und dafür unzählige Dankesbriefe … Verzeihung, ich höre schon auf.

Auf der anderen Seite wäre da mein Alter Ego Fat King Konrad, und das ist nur bedingt nett. Als FKK führe ich bizarre Sensationsschaukünste vor, die dem einen oder anderen Zuschauer den Magen umdrehen. Darum habe ich meine Programme klar getrennt. Nicht, dass Kinder mit ihren Eltern irrtümlich ins falsche Programm laufen und dann einen Schock fürs Leben davontragen oder hinterher die Sache mit dem 14-Zentimeter-Nagel in der Nase ausprobieren. Für Kinder tun's nämlich schon acht Zentimeter. Nee, war nur Spaß.

Eine Erfindung von Fat King Konrad passt hier gut ins Buch: der Wurstkatapultgrill. Sie haben richtig gelesen: Wurstkatapultgrill. Für meine »Masters of Comedy«-Shows beim größten und besten Rock and Heavy Metal Festival in Wacken musste etwas Besonderes her. Und da man viele Leute mit Essen aus der Reserve locken kann (bei mir klappt das jedenfalls immer), ersann ich diesen tollen Grill. Mit ihm kann ich blitzschnell sage und schreibe 100 hungrige Rocker verpflegen.

Damit ich die Würste mit Schmackes in die Zuschauermenge schleudern kann, ist die Katapultfunktion doppelt ausgelegt. Den Hebelarm, der den Grill nach oben befördert, habe ich mit zwei Gehwegplatten beschwert, zusätzlich hilft

»Die Würstchen werden schonend erwärmt«

»Hier kommt die Wurst

eine Feder, die beim Senken des Grillrostes gespannt wird. Das ist nötig, weil es bei einem Katapult immer einen Totpunkt zu überwinden gilt. Und selbst diese Konstruktion kann noch verbessert werden, denn die hinteren Reihen im Publikum kriegen meist keine Wurst ab.

Als ich den Grill vor Jahren zum ersten Mal in Wacken testete, dachte ich noch: »Hoffentlich gibt's von den harten Jungs keinen auf die Glocke«. Doch die fanden die Aktion super, auch wenn nicht alle Würste durchgegart waren. Im nächsten Jahr hatten sich einige Leute in der ersten Reihe sogar ihren eigenen Senf mitgebracht. Die Wasserpistole, die ich mit verdünntem Senf gefüllt hatte, um ihn in die Menge zu spritzen, blieb daher unbenutzt. War sicher besser so, denn für eine versaute Rocker-Kutte hätte ich tatsächlich Kloppe kassiert.

Der Wurstkatapultgrill wird definitiv eine Wacken-Nummer bleiben. Beim Charity-Gala-Dinner einer feineren Gesellschaft kam das Ganze bei den gutbetuchten Gästen nicht sonderlich gut an. Und die Reinigungskosten für ein Piqué-Cocktailkleid von Chanel können erstaunlich hoch sein.

28

DER SCHÜLER UND DIE BAROMETERFRAGE

Wie schon mehrfach erwähnt, fühlte ich mich in der Schule grob missverstanden. Während ich mir meiner Genialität vollkommen bewusst war, beharrten die Lehrer korinthenkackerisch darauf, dass Aufgaben streng nach Vorschrift gelöst wurden. Na gut, möglicherweise habe ich meine Intelligenz damals geringfügig überschätzt – aber dafür habe ich genau die blühende Phantasie entwickelt, mit der ich heute mein Geld verdiene. Da ich den Kids mehr Kreativität in der Schule wünsche, hat mir die folgende Geschichte besonders gut gefallen.

Der Physiklehrer stellte folgende Aufgabe:

Beschreibe, wie man mit einem Barometer die Höhe eines Hochhauses bestimmt.

Die lehrplanmäßige Lösung sieht natürlich vor, dass man den Luftdruck zunächst am Boden und dann auf dem Dach des Hauses misst und die Höhe mithilfe der barometrischen Höhenformel bestimmt. Dagegen lautete die Antwort eines Schülers:

> Das Barometer wird an ein Seil gebunden und vom Dach genau bis auf den Boden gelassen. Durch das Messen der Seil- plus der Barometerlänge erhält man die Höhe des Hochhauses.

Der Lehrer war unzufrieden, gab dem Schüler jedoch eine neue Chance. Nach einer kurzen Weile kam er mit dem nächsten Lösungsansatz heraus:

Man lässt das Barometer vom Dach fallen und misst mit einer Stoppuhr die Zeitdauer bis zum Aufschlag. Mit der Formel zum freien Fall ermittelt man die Höhe des Hauses.

Auch diese Lösung wurde nicht angenommen und – um es kurz zu machen auch – keine der folgenden:

Man misst die Höhe des Barometers und misst im Treppenhaus, wie viele »Barometereinheiten« das Haus hoch ist, indem man das Barometer Stück für Stück nach oben verschiebt.

Man wirft das Barometer in einen Behälter mit Wasser und ermittelt aus der Temperaturdifferenz die kinetische Energie und damit die Fallhöhe.

Oder man wirft das Teil direkt auf den Boden und kalkuliert die kinetische Energie anhand der Materialverformung.

Die nächsten Ansätze waren besonders raffiniert:

Man nimmt das Barometer und klopft beim Hausmeister an. Wenn er sich meldet, sagt man: »Lieber Herr Hausmeister, ich habe hier ein wunderbares Barometer. Wenn Sie mir die Höhe dieses Hauses verraten, dann gehört es Ihnen.«

Man versetzt das Hochhaus durch geschicktes Anschlagen mit dem Barometer in Resonanzschwingungen – so lange, bis es einstürzt. Am nächsten Tag steht in der Zeitung, wie hoch es war.

Schließlich gab der Lehrer entnervt auf und bewertete den Test als bestanden, denn die Lösungen waren ja leider korrekt. Der Name des Schülers soll übrigens Niels Bohr gewesen sein, der spätere Physik-Nobelpreisträger. Sicher ist das nicht, denn die Geschichte geistert als moderne Sage durch Wissenschaft und Bildung. Doch sie ist ein super Beispiel für unkonventionelle Lösungswege eines Problems mit anerkannter Lösung.

Meiner Meinung nach gehört die Story dringend auf den Lehrplan unserer Schulen – und die Lehrer können hier mal genauso viel lernen wie die Schüler.

Schade, dass die Geschichte nicht vom Schüler Konrad Stöckel handelt (wenn die Verleihung meines Nobelpreises auch nur noch eine Frage der Zeit ist). Aber dafür hätte ich noch einen stöckelschen Alternativvorschlag für das Problem:

SKANDAL! DAS BAROMETER HAT SICH ALS THERMOMETER GETARNT.

Wir schießen das Barometer mit einer kleinen Kanone aufs Dach. Die Menge des benötigten Sprengstoffs wird in vielen Versuchen so lange angepasst, bis das Teil genau auf dem Dach landet. Aus der freigesetzten Energie des Sprengstoffs und dem Luftwiderstand des Barometers sollte sich eigentlich die Höhe ermitteln lassen. Vorteil meiner Methode: Es rumst sehr oft und sehr laut.

EXPERIMENT
GHOSTBUSTERS II
ODER: DER BÖSE SCHLEIM, DER SICH BEWEGT

Was für ein Schock: Das, was Sie aus *Ghostbusters II* kennen, ist real! Damit meine ich nicht den geister- und dämonenfangenden Protonenstrahler. Auch nicht die Knarre, die gelbe Energieladungen abschießt. (Allerdings könnte ich schwören, dass ich neulich eine in meinem vollgerümpelten Keller gesehen habe.) Nein, ich meine den Schleim, der sich bewegt.

Dieses schön einfache Experiment funktioniert natürlich nicht mit bösem Gedankengut, an dem der Schleim sich labt und aus dem er seine Kraft zieht. Doch es entsteht ein Glibber, der scheinbar lebt und eine geheimnisvolle Energie in sich trägt.

Hierfür mischen Sie eine schleimige Masse aus einem Becher Wasser und zwei Bechern Maisstärke (zum Beispiel Gustin von Dr. Oetker). Und schon haben Sie ein nichtnewtonsches Fluid erzeugt. Hä, ein was?

Sie wissen natürlich, dass ein newtonsches Fluid ein lineares, unelastisches Fließverhalten aufweist, bei dem die Schergeschwindigkeit proportional zur Scherspannung ist. Richtig? Es handelt sich dabei jedenfalls um klassisch fließende Medien wie Luft oder Wasser.

TREFFEN DER GEISTESGIGANTEN: SIR ISAAC NEWTON UND DR. OETKER

Davon abweichendes Verhalten nennt man nicht-newtonsch, anomalviskos oder viskoelastisch. Diese Stoffe können schnelle Stöße elastisch abfedern und neigen ansonsten zum Wegfließen. Beispiele sind Blut, Zementleime, Treibsand, Ketchup – sowie unser Stärkeschleim.

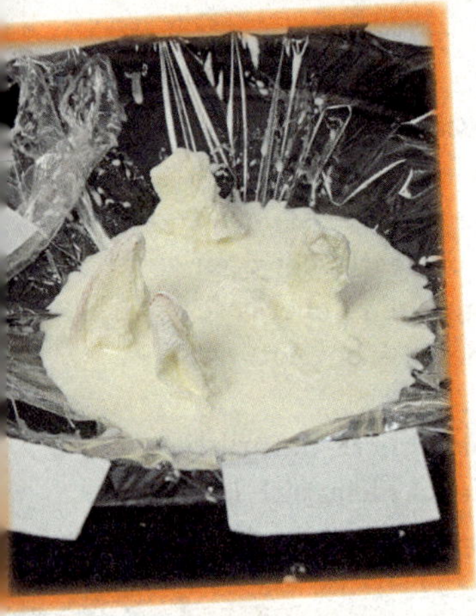

Kippen Sie nun eine Lautsprecherbox Ihrer Hi-Fi-Anlage auf den Rücken, und gießen Sie die Flüssigkeit in den Schalltrichter. Stopp! Natürlich nicht einfach so in die Box gießen, sondern diese vorher mit dichter Frischhaltefolie auskleiden. Achten Sie unbedingt darauf, keine teuren Hochton-Kalotten einzudrücken! Falls es doch passieren sollte, hier ein Tipp: Man kriegt die Dinger mit Tesafilm wieder in die ursprüngliche Form gezogen.

Jetzt müssen Sie nur noch die richtigen Vibrationen erzeugen. Legen Sie Musik auf – Sie werden einige Versuche brauchen, bis Sie die mit den passenden Frequenzen finden –,und bringen Sie die Nachbarn zur Verzweiflung! Der Effekt sieht derart wundervoll aus, dass man gar nicht mehr aufhören möchte! Die Schwingungen gelangen in die Masse und sorgen dafür, dass sich der Schleim verdickt und sich bewegt. Typische Versuchsdauer: bis einer mit dem Besenstiel gegen die Decke klopft.

Nebenbei: Die Auswahl der Musik ist nicht ganz unwichtig. Ich habe die Erfahrung gemacht, dass der Schleim Reißaus nimmt, wenn Musik von André Rieu erklingt. Also Vorsicht!

30

EXPERIMENT
DER EINFACHSTE MOTOR DER WELT

Beim Surfen durchs Internet findet man alles, was man niemals finden wollte: die heißesten Haute-Couture-Stylings für Nackthunde, die besten Rezepte der Hobby-Drogenköche sowie die wöchentliche Terrorbotschaft aus Nahost, gedreht im Bonner Stadtteil Neu-Tannenbusch. Und – noch schlimmer – Diättipps für junge Mädchen.

Wer die Menschheit kennt, weiß: Der Wahnsinn wächst exponentiell. Genau genommen, verdoppelt das Internet alle 5,32 Jahre seine Größe, wie der chinesische Forscher Guo-Qing Zhang herausgefunden hat. Kein Wunder, dass wir in der Folge unter akuter Kopfverstopfung leiden.

Umso mehr freut es mich, wenn ich in den Tiefen des Webs eine schmissige Entdeckung mache, die erstens auch noch toll aussieht und sich zweitens einfach nachbauen lässt. Ich präsentiere – tataa! – den simpelsten Elektromotor der Welt. Ein Kupferdraht, ein Neodym-Magnet, eine AA-Mignonbatterie, und fertig ist die Laube.

Jetzt besitzen Sie schon einen Unipolarmotor ... in Einzelteilen. Die Idee dieses Motors ist übrigens uralt: Er wurde 1821 von Michael Faraday in der Royal Institution of Great Britain dem staunenden Publikum vorgestellt.

Formen Sie nun den Draht. (Bei einem handelsüblich isolierten Draht wird vorher noch die Kunststoffisolation mit einem scharfen Messer entfernt.) Auf den Fotos sehen Sie einige der möglichen Formen – doch lassen Sie Ihrer Phantasie gern freien Lauf.

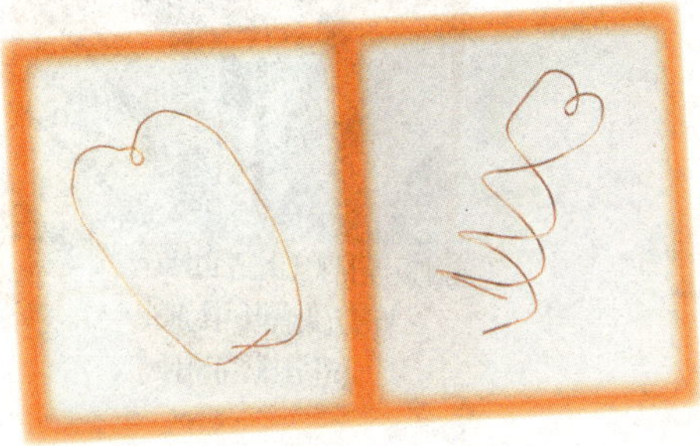

Anschließend haften Sie den Magneten an den Minuspol der Batterie, und dann sind Sie auch schon startklar, Sie müssen lediglich noch das Gebilde aus dem Kupferdraht über den Magneten stecken, sodass der Draht seitlich den Magneten umschließt. Der Motor beginnt zu laufen, und Sie sehen, wie sich Ihr Gebilde aus Draht dreht … und dreht … und dreht …

Wie geht das? Wie dreht das?

Der geformte Draht erzeugt einen Kurzschluss in der Batterie. So entsteht ein starker Strom, der durch den Magneten in den Draht fließt. Die bewegten Elektronen sind nun dem Magnetfeld ausgesetzt. Von diesem Feld werden die geladenen Teilchen abgelenkt (man nennt das die »Lorentzkraft«) – und elektrische Energie wird in mechanische Energie umgewandelt.

ERSTUNKEN UND ERLOGEN
UNKONZENTRIERTE KINDER DURCH VERWIRRENDE LEKTÜRE

Schon in frühester Kindheit wurde mir, neben einer großen Begeisterung fürs Essen, das geistige Rüstzeug für einen messerscharfen Verstand mitgegeben. In meinem Bücherregal fanden sich ausschließlich gehaltvolle Klassiker der Jugendliteratur wie *Die kleine Raupe Nimmersatt*, *Huckleberry Finn-Crisp*, *Ronja Fleischertochter* und *Das große Dr. Oetker Schulkochbuch*. Solch hochwertiges Lesefutter schärft den kindlichen Blick für die wichtigen Dinge des Lebens – und das ist heute bei Weitem nicht mehr selbstverständlich.

Entwicklungspsychologen haben festgestellt, dass die Konzentrationsfähigkeit von Schülern durch das Lesen bestimmter Bücher beeinträchtigt wird. Als besonders schädlich erwiesen sich Zauberlehrlings-Romane mit verwirrenden, sich teilweise widersprechenden Charakterbeschreibungen. Als Beispiel nannten die Forscher *Der, dessen Name nicht genannt werden darf*; *Der, dessen Name nur zwischen Montagnachmittag und Donnerstagabend genannt werden darf*; *Der, dessen Name gar nicht oft genug genannt werden kann*; *Der, dessen Name den Behörden bekannt ist*; *Der, dessen Name hinter vorgehaltener Hand gehüstelt wird*; *Der, dessen Name nur gegen eine Schutzgebühr von 2,50 Euro genannt werden darf*; *Der, dessen Namen man sich laut Gerichtsbeschluss nur bis auf 200 Meter nähern darf* sowie *Der, dessen Name aus dem Finnougrischen abgeleitet ist und derart beknackt klingt, dass man ihn freiwillig sowieso nicht aussprechen will*. Kaum hatten die untersuchten Kinder die Bücher weggelegt und sich wieder brutalen Ballerspielen gewidmet, stellte sich der normale Betriebszustand ihrer Gehirne wieder ein.

Zu dieser Thematik habe ich eine ganz klare Meinung: Jede Art des Lesens ist zu begrüßen, und mit sogenannten »Nebenwirkungen« müssen die kleinen Spacken einfach klarkommen. Ich selbst wurde als Kind bis zum Stehkragen mit Ritalin vollgepumpt, und es hat mir auch nicht geschadet.

DER, DESSEN GESICHT WEGEN STÜMPERHAFTER KAMERAEINSTELLUNG NICHT ERKANNT WERDEN KANN

WISSENSCHAFT ALS ZAUBERTRICK

DER FLAMMENTOD ODER: KERZEN LÖSCHEN MIT MAGIE

Wer mit dem Feuer spielt, kann sich die Finger verbrennen. Oder den Hintern. Oder die Augenbrauen. Oder die Haare. Das weiß ich ziemlich genau, denn ich habe mir schon alles Mögliche angesengt. Als Zauberer liebe ich Feuer, schließlich sind Flammen auf der Bühne immer eindrucksvoll und stehen für Gefahr – zu Recht.

Den letzten heißen Unfall hatte ich in der Sendung *Nightwash* mit Klaus-Jürgen »Knacki« Deuser, dem ehemaligen Moderator und Erfinder der Show. Die Macher wünschten sich im Intro einen kleinen Outdoor-Feuerball. An jenem Tag war es sehr windig, also wechselte ich von meiner angedachten Staubexplosion zu einem Pyrowatten-Effekt. Pyrowatte wird gern von Zauberkünstlern verwendet, weil sie schnell, grell und praktisch rückstandslos verbrennt. (Darum ist sie auch bei kleinen Silvester-Tischfeuerwerken beliebt: Ein heller Blitz, und schon hält man ein blödes Plastikspielzeug in der Hand.)

Damit das Ganze schön aussah, versteckte ich einen ordentlichen Bausch Pyrowatte in der Hand. Auf das Stichwort »Vulkan« hin nahm ich die Zigarette aus dem Mund und entzündete mit der Glut die Watte. WUSCH – was für ein prächtiger Feuerball! Aber was war mit Knacki? Mochte er die Show nicht? Warum schlug er mir auf den Kopf? Und holte rüpelhafterweise aus und haute noch mal zu! Ich war derart verdattert, dass ich vor meinen Augen ein helles Licht sah, das nicht von den Scheinwerfern kommen konnte. Außerdem wurde es mir vor Wut ganz warm ums Hirn ... Und wieder raste die Hand auf meinen Schädel nieder.

VORNE: DER FEUERBALL, DAHINTER: ICH

Zum Glück blieb Herr Deuser freundlich wie immer – nur meine Haare brannten, weil ich es mit dem Feuerball übertrieben hatte. Und der vermeintliche Wüstling Knacki wurde im Bruchteil einer Sekunde zum feuerlöschenden Helden. Danke, mein Lieber. Später in der Show verkokelte ich bei einem weiteren Trick auch meine Unterarme – aber das ist eine andere Geschichte.

Nach dieser Nummer musste ich dringend meine Bühnenausrüstung zur Feuerbekämpfung ergänzen, denn Löschdecke und Pulverlöscher schienen mir nicht mehr länger ausreichend. Und dann das ganze Löschpulver auf der Bühne ... man muss ja auch mal an die Reinigungskräfte denken. Und an die Asthmatiker in der ersten Reihe. Da ich von Natur aus zu Übertreibungen neige, hieß meine Lösung: Bühnenpanzerfaust. Ein Gerät, das ich aus China bestellt hatte und das schon bei meiner Truppe, den Masters of Comedy, zum Einsatz kam.

Diese Anti-Feuer-Waffe wird an eine Kohlensäureflasche angeschlossen. Wenn ich den Abzug betätige, entweicht aus der Mündung dichter CO_2-Nebel, der sehr kalt ist und auf der Bühne super aussieht. Außerdem wird den Zuschauern in kleinen Sälen schaurig kalt um die Beine, weil der kühle Nebel über den Boden wabert. Also zwei Fliegen mit einer Klappe! Wenn man seine Finger direkt vors Rohr hält,

hat man nach einer halben Minute sogar einen Schneeball in der Hand. Super, nicht wahr?

Fast hätte ich's vergessen: Feuerlöschen kann man mit dem Kohlendioxid natürlich auch. Diese Eigenschaft nutzen wir nun im Kleinen für ein Experiment, das wirklich magisch ist und darum einen tollen Zaubertrick abgibt.

Hierfür brauchen Sie lediglich

- einen Glaskrug
- vier bis sechs Teelichter
- ein Päckchen Backpulver und
- Essig.

Die Teelichter stellen Sie vor sich auf den Tisch. Der Glaskrug steht unter dem Tisch, und das Backpulver befindet sich im Krug. Daneben stehen der Essig und ein Feuerzeug. Sie greifen nun am Anfang der Darbietung unter den Tisch und »suchen« das Feuerzeug; dabei schütten Sie den Essig in den Krug, sodass er das Backpulver bedeckt. Dann nehmen Sie das Feuerzeug und entzünden die Kerzen. Anschließend legen Sie das Feuerzeug wieder unter den Tisch und greifen sich den Krug.

Im Brustton der Überzeugung kündigen Sie an, die Kerzen zu löschen, ohne dass die Flüssigkeit im Krug die Kerzen berührt. Vorsichtig wird der Krug jetzt über die Kerzen geneigt, ohne dass die Essig-Brühe herausläuft. Und siehe da: Die Kerzen gehen aus!

Passiert ist Folgendes: Wenn der Essig über das Backpulver gegossen wird, fängt die Mischung an zu schäumen, weil die Essigsäure mit dem Natron im Backpulver reagiert und CO_2 freisetzt. Letzteres ist schwerer als Luft und sammelt sich von unten her im Krug. Nach 20 Sekunden ist der Krug mit dem unsichtbaren Gas gefüllt, sodass Sie gerade genug Zeit haben, die Kerzen auf dem Tisch zu entzünden. Danach müssen Sie nur den Krug langsam hervorholen und das Kohlendioxid über die Teelichter gießen. Der Sauerstoff wird verdrängt, und die Flammen erlöschen. Kerzen aus – viel Applaus.

Brausepulver und Sprudeltabletten funktionieren übrigens nach demselben Prinzip. Nur wird hier der Job des Essigs von fester Zitronen- bzw. Weinsäure übernommen, die sich im Wasser auflöst. Schmeckt deutlich besser, Prost!

KONRADS FAMOSE HAUSHALTTIPPS
IPHONE-SPEAKER FÜR DEN NOTFALL

Jaja, schon klar, es gibt tolle Docks fürs iPhone: pickepackevoll mit schlauer Elektronik, toll designt und mit Lautsprechern, die einen kristallklaren, satten Sound in den Raum stellen. Dagegen sieht meine Vorrichtung natürlich armselig aus. *Aber*: Manchmal hat man kein Dock, keinen Bock, dafür Geld auszugeben, oder keinen Strom, weil man gerade unterwegs ist. Manchmal will man die Tracks der Musiksammlung einfach nur laut hören, damit mehr Stimmung in eine Gesprächsrunde kommt. Oder man braucht beim Heimwerken etwas Musik.

Der Speaker ist ultraeinfach zu bauen: Wir greifen zum Cutter und schneiden längs einen Schlitz in eine Klopapier-Papprolle. Der Schlitz sollte so eng sein, dass das Phone einigermaßen fest sitzt. Dann nehmen wir wahlweise zwei oder vier Pinnwandnadeln und stecken sie als Standfüßchen außen in die Rolle (bloß nicht zu weit innen, wo sie das geliebte Gerät zerkratzen können). Das war's auch schon. Wer die Speaker-Rolle zur stationären Einrichtung machen will, kann sie gerne noch mit hübschem Papier bekleben – das sieht richtig schnieke aus. Übrigens funktioniert der Trick auch mit vielen anderen Smartphones. Wichtig ist nur, dass der Lautsprecher an der Unterseite steckt.
Mit der Röhre klingt es jetzt deutlich lauter, und auch die Bässe sind kräftiger. Weil der Sound aus einem Mikrolautsprecher kommt, darf man natürlich keine Wunder erwarten –

und ich will ebenso wenig behaupten, dass die Klorolle genügend Wumms für eine Großraumdisko hat. Aber der Effekt ist trotzdem beeindruckend.

Das letzte Mal habe ich das Gerät beim Tapezieren benutzt. Ich hatte vor Langeweile schon angefangen, die Holzsplitter in der Raufasertapete zu zählen und brauchte dringend etwas AC/DC.

EXPERIMENT
SCHWERELOS!

Lange Zeit glaubte ich, dass ich weit und breit der Einzige mit einer ausgeprägten Experimentier-Macke bin. Wer sonst sollte sich noch die Mühe machen, diverse Materialien zu besorgen und ewig an Aufbauten herumzutüfteln? Mein Nachbar Markus beispielsweise. Eines Feierabends begrüßte er mich vom Nebenbalkon aus mit den Worten: »Konrad, alter Schwede, ich hab da was für dich!« Was er hatte, war ein Kupferrohr mit fünf Zentimetern Durchmesser sowie einen extrastarken Neodym-Magneten mit einem Durchmesser von drei bis vier Zentimetern.

Ein Neodym-Magnet besteht aus Neodym (ein Metall seltener Erden), Eisen und Bor, ist derzeit der stärkste Dauermagnet auf dem Markt und so populär, dass er überall im Bastelladen und im Netz zu finden ist. Aber Vorsicht: Nicht neben Datenspeicher legen, da sonst ganz fix die Daten gelöscht werden und sich Ihre Kreditkarte plötzlich nicht mehr an Ihren Namen erinnern kann! Das gilt auch schon bei kleinen Magneten wie den hier benötigten von 20 Millimeter Durchmesser und zehn Millimeter Dicke. Noch mal Vorsicht: Je nach Größe des Magneten kann's einem böse die Finger quetschen, wenn das anhängliche Teil gegen Eisen klackt. Neodym-Magnete können sogar splittern, wenn sie mit Schmackes aufeinandertreffen.

»Is' das nicht supergeil!?«, sprach er und warf den Magneten in die aufrecht gehaltene Kupferröhre. »Schnell, guck von oben rein!« Ich folgte seiner Anweisung, und ja, es war supergeil! Der Magnet fiel in Zeitlupe durch das Rohr, wobei er sich drehte und überschlug. Es schien wirklich so, als würde er schwerelos durchs All schweben. »Sensationell! Das ist ja echt super – und wie geht das genau?« – »Weiß nicht, Hauptsache, es sieht super aus!« – »Ja, super.«

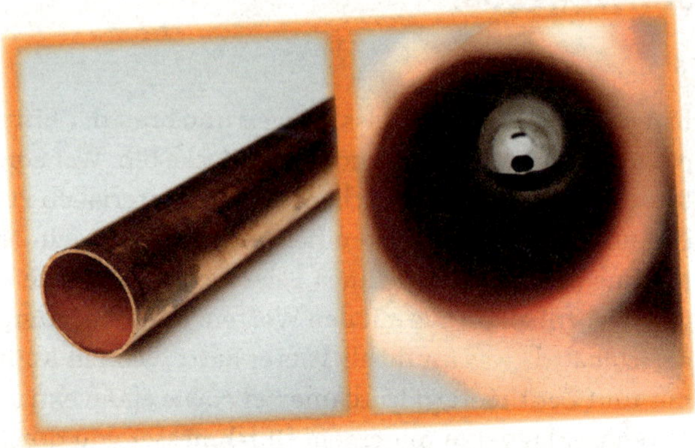

Mein Nachbar war mit dem Anblick des Effekts superzufrieden. Doch ich als Hobbyforscher musste natürlich genau wissen, was den Magneten in der Schwebe hielt – zumal Kupfer nicht magnetisch ist. Die Antwort hat der Physiker Emil Lenz bereits im Jahr 1833 gegeben. Seine »lenzsche Regel« lautet: Ein Induktionsstrom ist immer so gerichtet, dass er den Vorgang, der die Induktion verursacht, behindert.

In unserem gebremsten Fall passiert Folgendes: Wenn der Magnet durch das Rohr fällt, versetzt er die Elektronen des Rohres in Bewegung und induziert dadurch einen Strom. Der Strom fließt durchs Kupfer und erzeugt dabei ein Magnetfeld. Hier kommt Herr Lenz ins Spiel und lässt den Strom genau so fließen, dass der Fall des Magneten gebremst wird, denn der war ja Verursacher des Spektakels. Währenddessen wird das Rohr sogar schwerer, da das Magnetfeld das Gewicht des Magneten überträgt. Ganz konkret passiert das übrigens durch die »Lorentzkraft«, wie Sie bereits in Kapitel 30 gesehen haben und in Kapitel 76 noch sehen werden. Noch was: Je besser das nichtmagnetische Metall leitet, desto stärker wird der Magnet gebremst. Am besten funktioniert es also mit einem richtig dickwandigen Kupferrohr.

Schweben auf der Bühne

Demnächst werde ich die Schwerelosigkeit in meine Bühnenschau einbauen, ich muss nur noch den Aufbau verfeinern. Momentan sieht es folgendermaßen aus: Ich verwende ein zwei Meter langes Kupferrohr und habe auch schon einen acht Zentimeter dicken Neodym-Magneten. Des Weiteren brauche ich noch einen ebenso großen Stein und eine Standleiter, an der das Rohr befestigt wird.

Zuerst steige ich auf die Leiter und werfe zur Demonstration einen Stein in die Röhre. Er saust nach unten und schlägt – Kaboff! – auf dem Boden auf. (Liebe Veranstalter, wenn Sie wollen, dass die Bühne heil bleibt, warum haben Sie dann ausgerechnet mich eingeladen?) Danach schicke ich den Magneten durch das Rohr. Ich gehe daraufhin seelenruhig von der Leiter herunter, halte meine Hand unter das Rohr, um den Magneten in Empfang zu nehmen. Ob die Zeit wohl reichen wird?

Selbstverständlich filme ich mit meiner kleinen HD-Kamera ins Rohr und bringe das Bild per Beamer auf eine Leinwand. Die Zuschauer sollen schließlich mit eigenen Augen sehen, wie der Magnet durch das Rohr nach unten trödelt. Ein letztes wichtiges Detail: Die Kamera kommt natürlich ans *obere* Ende, nicht ans untere. Von oben einen Stein in die Kamera zu werfen scheint mir nicht sehr klug zu sein.

Streng genommen, brauche ich diesen Versuch gar nicht, um schwebende Leichtigkeit zu demonstrieren. Mein durchtrainierter, katzenhaft geschmeidiger Körper genügt vollkommen.

35

WISSENSCHAFT ALS ZAUBERTRICK
DER KALTE HAUCH DES TODES ODER: EIN BIER GEFRIERT IN SEKUNDEN

Der folgende Partytrick ist derart gespenstisch, dass den Zuschauern das Blut in den Adern gefriert – und Ihnen nur das Bier in der Flasche. Zumindest ist er so verblüffend, dass Ihre Freunde mit offenen Mündern vergessen, auf ihren Chips herumzuknabbern.

Sie nehmen eine Bierflasche und behaupten, Sie besäßen den eiskalten Hauch des Todes. Behaupten kann das jeder, aber Sie können es beweisen! Dazu öffnen Sie die Flasche und schenken einen Schluck des Bieres in ein Glas. Da der Tod meist heimlich in der Nacht oder im Verborgenen daherschleicht, halten Sie die Flasche unter den Tisch. Ihre Gäste dürfen, nein, sollen sogar unter den Tisch gucken und die Flasche im Auge behalten. Dort ist todsicher nichts versteckt. Sie holen Luft und hauchen auf die Flasche in Ihrer Hand unter dem Tisch. Nichts passiert.

Sie probieren es erneut und hauchen wieder auf die Flasche. Abermals keine Reaktion. Nun wird es erste Sprüche auf Ihre Kosten geben, und es hagelt Spott und Häme. Während Sie so zur Witzfigur des Abends gemacht werden, holen Sie die Flasche unter dem Tisch hervor. Ein weiterer tiefer Luftzug, dann der finale Hauch auf die Flasche. Und jetzt werden die

Partygäste wirklich staunen. (Sie allerdings auch, wenn Sie den Effekt das erste Mal vorführen.) Vor aller Augen gefriert das Bier und wird zu Eis. Sie können die Flasche sogar auf den Kopf stellen; kein Bier wird auslaufen. Es ist wirklich gefroren.

Sie ahnen schon: Der Trick ist wieder mal pure Physik.

Die Vorbereitung und was wirklich geschieht: Zunächst wandert das Bier für drei bis fünf Stunden in die Gefriertruhe oder ins Tiefkühlfach. Die Flasche bleibt geschlossen, und da in ihr ein erhöhter Druck herrscht, kann man das Bier unter den Nullpunkt herabkühlen, *ohne* dass es gefriert. Natürlich müssen Sie trotzdem darauf achten, dass das Bier nicht einfriert – also vorher ausprobieren und bloß nicht die Zeit überschreiten! Mein Kühlschrank braucht genau drei Stunden und 20 Minuten.

Nun beginnen Sie die Vorführung, wie oben beschrieben. Jedoch schlagen Sie mit dem Bier, wenn Sie es wieder unter dem Tisch hervorholen, gegen den Tisch. Genauer gesagt, mit dem Flaschenhals von unten gegen die Tischplatte.

Durch diesen Schlag wird eine Schallwelle ausgelöst und vom Boden der Flasche reflektiert (siehe auch »Die Bierfontäne« im Kapitel 17). Die Kohlensäure im Bier löst sich, und aufgrund des veränderten Drucks im Bier gefriert der Gerstensaft innerhalb der nächsten drei bis zehn Sekunden. Ihr letzter Hauch sollte also der längste und dramatischste sein.

Es heißt zwar: »Mit Lebensmitteln spielt man nicht«, doch für diesen sensationellen Effekt darf schon mal ein Bier geopfert werden. Außerdem ist Alkohol sowieso keine Lösung.

KONRADS FAMOSE HAUSHALTTIPPS

NIE WIEDER FARBE VERKLECKERN

Für mich als Durchschnittsheimwerker war der Farbeimer lange Zeit eine echte Problemzone. So sehr ich mich auch anstrengte, nicht zu kleckern – irgendwann landete die Farbe oben am Eimerrand. Danach fand sie zielsicher den Weg auf die Zeitungspapierunterlage. Kurze Zeit später latschte ich unweigerlich hinein und trug die Farbe auf den teuren Teppichboden (manchmal übernahm auch mein Hund diese schöne Aufgabe). Ganz zu schweigen von dem Lack, der regelmäßig erst meine Finger, dann die Kleidung und zum Schluss die halbe Wohnung versaute. Außerdem ließen sich die verklebten Pötte mit der Zeit immer schlechter verschließen, sodass ich einen Großhandel mit eingetrockneten Dosen hätte eröffnen können. Große Wirkung, kleine Ursache: Ich hatte den Pinsel aus alter Gewohnheit stets am Rand der Dose abgestreift.

Zum Glück fand ich eine extrem simple Lösung des Problems, die ich auch Ihnen an Ihr Malerherz legen möchte: Wir ziehen ein großes Gummiband um die Dose und streifen den Pinsel nur noch am Band ab. So fließt die überschüssige Farbe brav in die Mitte zurück und kann nicht den Rand besudeln. Mit einem Klebeband funktioniert es übrigens genauso gut. Falls Sie schwach klebendes Malerkrepp nehmen, empfehle ich, es einmal komplett um die Dose herumzuwickeln. Also dann: Immer schön sauber bleiben!

Gegen Farbdosen, die von der Trittleiter fallen, habe ich noch keinen guten Trick. Aber ich arbeite daran.

EXPERIMENT
ELEFANTENZAHNPASTA

Ich weiß nicht, wie Dickhäuter es mit der Zahnhygiene halten. Ich habe auch keine Ahnung, wer sich die Bezeichnung »Elefantenzahnpasta« für diesen Versuch ausgedacht hat – jedenfalls geistert er unter diesem Namen durch die Chemiebücher. Es liegt wohl daran, dass hier eine Schaumschlange entsteht, die an einen riesigen Rüssel erinnert. Dieses Schaumspektakel ist wohl das aufwendigste chemische Experiment dieses Buches. Sie müssen nämlich vorher Chemikalien besorgen und haben hinterher eine Menge zu putzen – aber es lohnt sich.

Die Chemikalien:
- fünf Milliliter Geschirrspülmittel
- 50 Milliliter 30-prozentiges Wasserstoffperoxid
- zehn Gramm Kaliumiodid (beides bekommen Sie in der Apotheke) sowie
- zehn Milliliter Wasser.

Die Materialien:
- ein hoher Standzylinder
- ein Becherglas von circa 100 Millilitern sowie
- ein Becherglas von circa 50 Millilitern.
- Zur Sicherheit eine Schutzbrille
- Schutzhandschuhe
- Gummihandschuhe und dazu
- eine Unterlage (ein Stück Folie), weil das Ganze eine ziemliche Sauerei wird.

Zuerst kommt das Geschirrspülmittel in den Standzylinder. Dann gießen Sie das Wasserstoffperoxid ins große Glas. In dem kleinen Glas stellen Sie eine Lösung her, indem Sie das Kaliumiodid im Wasser auflösen. Nun müssen Sie nur noch beide Gläser gleichzeitig in den hohen Standzylinder entleeren (gut geschützt mit Brille und Handschuhen). Entfernen Sie sich schnell (wirklich schnell!), denn diese großartige Reaktion lässt nicht lange auf sich warten. Es erscheint die Elefantenzahnpasta, und der Schaum wächst blitzartig in die Höhe.

Was genau tut sich da?

Wir erleben gerade das phänomenale Beispiel einer Katalysereaktion. Ein Katalysator ist ein Stoff, der eine chemische Reaktion beschleunigt, ohne selbst verbraucht zu werden (was ziemlich schlau von ihm ist). In diesem Fall ist das Kaliumiodid der Katalysator, und die Reaktion ist die Spaltung des Wasserstoffperoxids in Wasser und Sauerstoff. Bei diesem Prozess entsteht viel Hitze, weshalb außerdem Wasserdampf entsteht. Die verschiedenen Gase treiben das Geschirrspülmittel auf und lassen den Schaum aus dem Glas wachsen.

Und jetzt kommt der unangenehme Teil: Ziehen Sie sich Gummihandschuhe über, und entsorgen Sie den Schaum – bitte stark mit Wasser verdünnt – in den Abfluss. Viel Spaß!

Kaliumiodid oder auch Kaliumjodit ist übrigens eine ziemlich nützliche Substanz, denn mit ihr wird unser Speisesalz jodiert (was schon viele Bergbewohner vor einem Kropf bewahrt hat). Und es steckt in Jodtabletten, die bei atomaren Unglücken verteilt werden. Also, falls Sie neben einem Kernkraftwerk wohnen, besorgen Sie sich bloß fix eine Ration Kaliumjodid!

ERSTUNKEN UND ERLOGEN
NEUE STRATEGIEN GEGEN DEN TERROR

Wie kann man islamistischen Terroristen das Bomben verhageln? Die Amerikaner haben zunächst das Naheliegendste ausprobiert: das Einmarschieren in ölhaltige Länder und das routinemäßige Foltern von Verdächtigen. Mir war schon immer klar, dass es elegantere Methoden gibt. Darum habe ich die besten Ideen aus aller Welt zusammengetragen und einige höchstselbstpersönlich ausgetüftelt.

Die Antiterror-Turbanmotte

Wie Bekennervideos zeigen, neigt der Terrorist als solcher zur Eitelkeit und trägt gern den feinen Turban von »Chalil Dschallalalagerfeld« hebst Kaftan von »Sultan & Gabbana«. Die Turbanmotte ist nun genetisch so manipuliert, dass sie sich gezielt über die Kopfbedeckung der Bombenfreunde hermacht. Ratzfatz wird aus dem eitlen Terroristen mit Edelturban ein einfacher Depp mit schlecht sitzender Frisur und gekränktem Stolz.

Der magnetische Antiterror-Gebetsteppich

Nach Meinung führender Islamwissenschaftler können sich Terroristen keineswegs auf den doch recht friedliebenden islamischen Gott berufen. Grund genug, den selbst ernannten Gotteskriegern das fromme Getue zu vermasseln: Der magnetische Gebetsteppich dreht sich automatisch von Mekka weg in Richtung Norden. Theoretisch würde er südlich von Mekka korrekt funktionieren; dort aber zeigt er dank einer raffinierten Mechanik genau auf die größte Schwulenbar von Tel Aviv.

Der Tischfeuerwerksgürtel

Durch die obigen Maßnahmen ist der Wille des Terroristen idealerweise so gebrochen, dass er bereit ist, sich in die Luft zu sprengen, ohne unschuldige Menschen mit in den Tod zu reißen. Was für eine Verschwendung von Sprengstoff, möchte man meinen – doch keine Sorge: Sein Sprenggürtel wurde heimlich ausgewechselt gegen den Tischfeuerwerksgürtel mit frivolen Ferkelbildchen, der die Sprengung zum unterhaltsamen Event macht. Spätestens jetzt ist der gute Mann vom Glauben abgefallen, fängt an, Cola-Rum zu trinken, und spart jeden Dinar für einen Starschnitt von Hillary Clinton in Lackstiefeln.

Das Selbstmordhochhaus

Dieses Hochhaus ist eher für die Inlandsverteidigung gedacht: Es stürzt in sich zusammen, sobald ein Attentäter daran vorbeispaziert.

Nutzbarmachung der terroristischen Energie

Durch geschickte Maßnahmen gelingt es oft, die selbstmörderische Sprengkraft für praktische Zwecke zu nutzen. Ein Beispiel: Statt sich an einem Gartenteich bucklig zu schippen, steckt man einfach eine Amerika-Fahne in den Rasen. Der Selbstmordattentäter wird angelockt – und nach einer kleinen Explosion hat man ein Loch für den Teich, während sich der Terrorist in Richtung Paradies verabschiedet. Eine echte Win-win-Situation.

El Kaida ist lediglich *eines* der weltumspannenden Netzwerke des Bösen – das andere sind für mich die Weight Watchers. Komischerweise sind Selbstmordattentäter stets schlanke Menschen, denn die gemütlichen Dicken scheinen an dieser Art der Freizeitgestaltung einfach kein Interesse zu haben. Kann man ja mal drüber nachdenken.

WISSENSCHAFT ALS ZAUBERTRICK
UNBRENNBARE HAUT ODER: WER IST DER HARTE AUF DER PARTY?

Dieser Effekt brachte mir auf Partys schon eine Menge Kohle ein und macht am meisten her, wenn er als Zauberkunststück vorgeführt wird. Abermals möchte ich hier auf das Kapitel »Die Präsentation« hinweisen, denn die Präsentation ist einfach das A und O.

Präsentationsidee: Sie suchen sich den härtesten Typen auf der Party oder einen Vielsprecher mit übersteigertem Ego und fordern die Person zu einer Wette heraus. Ob es dabei um Geld geht oder um eine fünfminütige Redepause, bleibt Ihnen überlassen.

Die Aufgabe: Ihr Opfer soll einfach nur genau das tun, was Sie machen. Sie nehmen nun eine Zigarette und entzünden sie, wobei die Glut gut sichtbar sein sollte. Das Ganze geht natürlich auch spontan und ohne eine offizielle Herausforderung, doch denken Sie daran, vorher die Asche abzuklopfen. Anschließend stellen Sie die Zigarette mit dem Filter nach unten auf Ihren Daumen und greifen mit dem Zeigefinger direkt von oben in die Glut. Bis hierhin kann Ihnen Ihr Gegenüber sicherlich folgen – nur festhalten kann er die Zigaret-

te maximal ein bis zwei Sekunden. Sie hingegen schaffen etwa zehn bis 15 Sekunden, verletzen sich nicht und müssen nicht einmal Ihr Gesicht verziehen. Für Ihre Hitzebeständigkeit haben Sie natürlich eine gute Erklärung parat, zum Beispiel: »So hat mich der Vietkong monatelang gefoltert. Ich habe meine Kameraden nicht verraten, weil ich imstande war, den Schmerz zu ignorieren«, oder: »Als Kind bin ich in einen Topf mit Feuerlöscher-Schaum gefallen.«

Der Trick: Alles, was Sie brauchen, ist ein Eiswürfel und eine kleine Mülltüte bzw. ein Brotbeutel. Stecken Sie den Eiswürfel in die dünne Tüte, verknoten Sie sie so, dass der Eiswürfel eng umschlossen ist, und schneiden Sie den Rest der Tüte hinter dem Knoten ab. Das Ganze wandert in Ihre Jackett- oder Hosentasche. Wie Sie merken, ist die Tüte zum Schutz Ihrer Kleidung gedacht. Falls Sie den Effekt spontan vorführen wollen und keine Tüte zur Hand haben, reicht natürlich auch nur der Eiswürfel, Sie müssen ihn dann lediglich unauffällig entsorgen. Und nicht vergessen, die Finger abzuwischen, damit keine Reflexionen den Effekt verraten.

Kurz vor der Vorführung greifen Sie einfach in Ihre Tasche und drücken den Eiswürfel für circa 20 bis 30 Sekunden fest mit Daumen und Zeigefinger; so unterkühlen Sie den Zeigefinger, auf den es ja gleich ankommen wird. Wenn Sie bereit sind, die Zigarette zwischen die Finger zu nehmen, ziehen Sie die Hand aus der Tasche und starten die Show. Aber unbedingt zeitnah, bevor die Unterkühlung durch die Raumtemperatur und Ihre Körperwärme verflogen ist!

Falls Sie die Trickhandlung mit Griff in die Tasche nicht so gut beherrschen, können Sie den Eiswürfel auch in die Zigarettenpackung einbauen.

Erklärung: Durch die Unterkühlung fangen die kleinen Fettpartikel am Finger nicht an zu verbrennen. Es wird Ihnen nichts passieren. Aber tun Sie sich selbst einen Gefallen, und proben Sie den Trick – immer direkt nach dem Kontakt mit dem Eiswürfel und zunächst nur ganz kurz. Wagen Sie erst dann mehr, wenn Sie den Grad der Kühlung einschätzen können! Sie werden sehen: keine Brandblase, kein Schmerz, nichts. Sobald Sie jedoch Hitze am Finger verspüren, sollten Sie den Trick beenden!

Viel Spaß mit dem gewonnenen Geld bzw. den fünf schwafelfreien Minuten!

40

EXPERIMENT
EIS IN WENIGEN SEKUNDEN

Jetzt verrate ich Ihnen einen alten Chemiker-Trick, mit dem man in weniger als zwei Minuten ein leckeres Speiseeis zubereitet. Im Sommer wird dieses Experiment in unzähligen Chemielaboren und Firmen auf der ganzen Welt erprobt. Dann sieht man die blassen Forscher und Forscherinnen aus ihren Kellerlaboren kommen, die Eisschale haltend, die ungewohnte Sonne auf der Haut genießend, dem Kollegen oder der Kollegin ein verstohlenes Lächeln schenkend, zaghaft und keck zugleich den Laborkittel lupfend ... Verzeihung, ich glaube, meine Phantasie überhitzt gerade ein wenig.

Hier also die kühlen Fakten: Wir brauchen

- ein Glas Himbeeren, gezuckert oder nur leicht gezuckert (es klappt natürlich auch mit anderen Früchten) und
- einen halben Liter Sahne (das Mischungsverhältnis ist ungefähr 50/50). Die wichtigste Zutat ist jedoch
- ein Liter flüssiger Stickstoff.

Den gibt es schon für knapp drei Euro beim Chemikalienhändler Ihres Vertrauens. Stickstoff ist ein völlig ungiftiges chemisches Element. Beweis: Molekularer Stickstoff befindet sich als Lösch- und Treibmittel in modernen Feuerlöschern, und: Die Lufthülle der Erde besteht zu 78,09 Prozent daraus.

Wir benutzen jedoch flüssigen Stickstoff. Darum vorsichtig mit dem Zeug: Alles, was Sie dort hineinstecken, gefriert blitzartig! Deshalb auch hier unbedingt Schutzhandschuhe überstreifen.

Wenn Sie Ihren bloßen Finger in den Stickstoff stecken, ist

er entweder ab oder zersplittert. Das kann man hervorragend mit einer Blume demonstrieren. Sie brauchen zunächst ein sogenanntes Dewar-Gefäß, das wie eine Thermoskanne aufgebaut ist und gut isoliert – gibt's im Laborfachhandel. Dann gießen Sie etwas Stickstoff hinein und tauchen die Blume in die kalte Flüssigkeit. Nach fünf Sekunden können Sie das bedauernswerte Blümchen wieder herausnehmen und auf dem Tisch zerschmettern. Tausend Einzelteile und ein Geräusch wie beim Zerspringen von Glas! Der Stickstoff ist nämlich kälter als minus 200 Grad. Schon bei minus 195,8 Grad fängt er an zu kochen und geht dabei in einen gasförmigen Zustand über.

So, die Sahne und die Himbeeren sind nun in einer großen Schale. Oder Sie nehmen einen (natürlich sauberen) Eimer, damit es beim Prozess nicht so spritzt. Nun brauchen Sie Hilfe: Eine Person rührt mit einem langen Mixer die Sahne und die Himbeeren, während die andere Person den Stickstoff in den Eimer gießt. Ich bevorzuge zum Umrühren der Masse einen Bohrer mit einem (ebenfalls sauberen) Mörtelmisch-Aufsatz. Diesen erhalten Sie in Ihrem Lieblingsbaumarkt.

Eine Reaktion setzt sofort und spektakulär sichtbar ein, da Sahne und Himbeeren den Stickstoff aufkochen lassen und dichter Nebel aufsteigt. Jetzt heißt es nur noch etwa 20 Sekunden rühren, und da ist es schon, das Speiseeis!

Es sieht nicht nur gut aus, es ist auch besonders cremig. Denn durch die Schockfrostung sind Wasser- und Fettpartikel klitzeklein und können von der Zunge bestens wahrgenommen werden. Je kleiner sie sind, desto leckerer und sahniger der Geschmack.

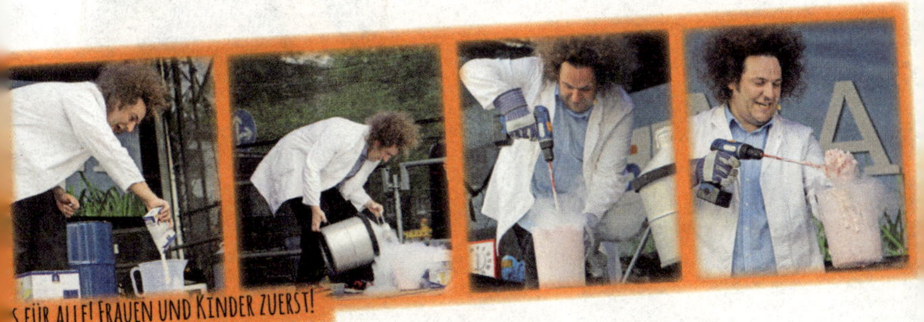

Zu Eis habe ich eine ganz besondere Beziehung, denn mein Urgroßvater hat den Eisportionierer erfunden. Ja, Sie lesen richtig: Das Ding, das man hinten am Griff zusammendrücken kann und das vorne ein kleines Messer durch die Halbkugel flitzen lässt, um die Kugel zu lösen. Kein Witz, auch den normalen starren Eislöffel hat er weiterentwickelt. In den Griff ließ er einen Hohlraum einarbeiten, und darin versteckte er eine Flüssigkeit: Glycerin. Diese Glycerinfüllung hat die Eigenschaft, die Handwärme optimal aufzunehmen, zu speichern und nach vorne zum Löffel und somit zum Eis zu leiten.

Die Firma meines Urgroßvaters gibt es auch heute noch; sie wird von meinen Großonkeln geleitet. Stöckel Söhne GmbH. Leider kann man die Produkte nur im Großhandel erwerben, aber bei Manufaktum könnten Sie Glück haben. Doch genug mit der Werbung jetzt. STIMMUNG!

Ein Eis mit Schutzhandschuhen und flüssigem Stickstoff zuzubereiten … Ist das nicht bekloppt?

Ja, ist es. Aber superlecker!

FORSCHUNG AUF ABWEGEN
KANN MAN SEIN GESICHT VERLIEREN?

Zugegeben, diese Frage wird hierzulande eher selten gestellt. In fernöstlichen Kulturen hingegen ist die Angst vor dem Gesichtsverlust allgegenwärtig. Für die Chinesen ist »Gesicht« gleichbedeutend mit sozialer Anerkennung. Und wer das Ansehen einer anderen Person erhöht, gewinnt selbst an Ansehen. Andererseits: Wer einem anderen das Gesicht nimmt, hat auch sein eigenes verloren. Es geht also darum, bloß keine Schwachstellen zu offenbaren.

Ich frage mich: Was ist eigentlich mit echtem Selbstbewusstsein und mit Individualität? Mit konstruktiver Kritik? Mit der Fähigkeit, aus Fehlern zu lernen? Es wird doch gelogen und betrogen, nur um im Besitz seines Gesichtes zu bleiben! Für mich persönlich heißt »das Gesicht wahren« nichts anderes als »Ein anderer soll für meine Fehler bezahlen«. So.

Aber lassen Sie uns die Sache wissenschaftlich-logisch angehen. Rein technisch gesehen, kann man die Visage nur verlieren, wenn sie mit beträchtlicher Kraft nach vorne gezogen wird. Hier komme ich auf John Paul Stapp zu sprechen (s. Kapitel 51). Denn wenn einer einen Grund hatte, sein Gesicht zu verlieren, dann er. Der verrückte amerikanische Air-Force-Leutnant ließ sich auf einem Raketenschlitten auf 1017 km/h beschleunigen und in 1,4 Sekunden auf null abbremsen. Sein Körper bekam bei der Aktion die 46-fache Erdbeschleunigung ab – der höchste Wert, dem sich je ein Mensch freiwillig ausgesetzt hat. Und da er in Fahrtrichtung saß, wurde sein Gesicht aufs Vortrefflichste vom Schädel weggezogen. Und? Hat er's verloren? Nein, es blieb dran. Der Mann war nur ordentlich verletzt, und seine Augen bluteten.

Mein Fazit: Egal, wie sehr man sich anstrengt – man kann sein Gesicht einfach nicht verlieren. Man kann es auch nicht versehentlich irgendwo liegen lassen oder sonst wie verdaddeln. Man wird es zwangsläufig behalten. Darum sollte man es täglich waschen, eincremen und im Spiegel freundlich anlächeln.

Als Kind habe ich mal eine Scheibe Gesichtswurst verloren, die mir die freundliche Fleischerin geschenkt hatte. *Das* war wirklich schlimm!

EXPERIMENT
WIE MAN MIT AC/DC DAS LICHT AUSMACHT

Einer alten Familiensage der Stöckels zufolge wehte meiner Urgroßmutter immer der Rock hoch, wenn Urgroßvater seine Marschmusik hörte. Ist so etwas wirklich möglich? Oder handelt es sich nur um eine Legende meiner durchgeknallten Vorfahren?

Es war mein 23. Geburtstag und somit Party im Hause Stöckel. *Hyper-Hyper*-Alarm, *How much is the fish?* Um die Wohnung ein wenig zu pimpen, richtete ich ein kleines Buffet, stellte Kerzen auf und platzierte einige meiner skurrilsten Requisiten an der Minitanzfläche im Wohnzimmer. Zugegeben, mit meiner Kopf-Guillotine und den Fake-Schrumpfköpfen sah der Raum ziemlich nach Halloween aus, aber meine Freunde kennen ja meinen Geschmack. Sogar einen DJ hatte ich am Start, und dieser brachte endlich mal eine gute Anlage ins Haus.

Die Boxen der Leihanlage sahen aus wie begehbare Wandschränke und waren für die Räumlichkeiten völlig überdimensioniert. Doch ihr Anblick brachte mich auf die Idee, den Familienmythos mit einem Experiment auszutesten. Noch waren die Gäste nicht eingetroffen, es blieb also noch Zeit für eine streng halbwissenschaftliche Versuchsreihe. Ich bat DJ Michael um laute Musik und hielt ein dünnes Tuch vor die Lautsprecherbox. Immerhin, der Fetzen bewegte sich leicht. Das kennt man aus der Disko: Sobald man zu nah an eine Bassbox herantanzt, flattert der Stoff der Hose an den Beinen. Aber vermag der Luftzug, einen Rock anzuheben? Müsste dazu die

Box nicht auf dem Boden liegen und Uroma über ihr thronen? Da auf die Schnelle keine handelsübliche Uroma aufzutreiben war, brach ich den Versuch an dieser Stelle ab. Ich beschloss, den Mythos nicht weiter anzutasten und ihn unverändert in die nächste Familiengeneration zu tragen. Doch mein Experimentierdrang war geweckt!

Was genau kommt da eigentlich aus der Box? Dumme Frage, Schall natürlich. Erst beim näheren Hinsehen wird es interessant: In Gasen wie Luft lässt sich Schall als eine dem statischen Luftdruck überlagerte Schalldruckwelle beschreiben. Schall setzt Luft in Bewegung. Ein Ton wird von Luftteilchen zu Luftteilchen weitergegeben, bis er schließlich in unserem Ohr auf das Trommelfell trifft und wir ihn hören.

Spontan fiel mir ein Experiment aus meiner Schulzeit dazu ein (ein bisschen was ist also doch hängen geblieben):

Man nimmt eine Würstchendose und entfernt mittels Dosenöffner den kompletten Boden. In die gegenüberliegende Seite wird ein circa drei bis vier Zentimeter großes Loch gebohrt. Fehlt nur noch eine Kerze und ein Haushalts- oder Erste-Hilfe-Handschuh. Letzterer wird so zurechtgeschnitten, dass man eine möglichst große Fläche des Materials an einem Stück gewinnt. Den Latexlappen zieht man nun über die Dose, befestigt ihn am Rand mit Klebeband und verschließt somit die Seite des entfernten Bodens. Fertig sind die Vorbereitungen.

Wenn man jetzt das Gummi in der Mitte ergreift, daran zieht und wieder loslässt, entsteht ein Geräusch, also Schall.

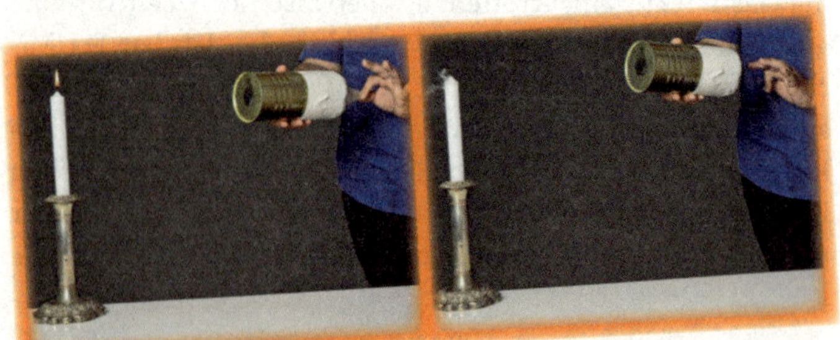

Dieser rast in der Dose nach vorn, wird von der Dosenwand reflektiert und flitzt anschließend in Windeseile hin und her (siehe auch »Die Bierfontäne« im Kapitel 17). Irgendwann tritt der Schall durch das gebohrte Loch an der Vorderseite aus und löscht eine Kerze in bis zu zwei Metern Entfernung.

Wir gut muss das erst mit meinen Monster-Partyboxen funktionieren? »Michael, schmeiß die Anlage an, ich will checken, ob das klappt!« Ich platzierte vier Kerzen vor den Boxen in den Ecken meines Wohnzimmers. Es erklang ein abartiger Song (hörte sich an wie eine Mischung aus Heino und den Jacob Sisters mit einer Prise André Rieu). Die Kerzen flackerten, doch keine von ihnen erlosch – und im Stillen hoffte ich, dass Michael dieses Stück nur aus Versehen dabeihatte. Ängstlich fragte ich den DJ: »Aber du hast auch die Musik dabei, über die wir im Vorfeld sprachen, oder? Ich meine Songs von AC/DC, Gwar, Manowar, Cash und so weiter?« Michael nickte eifrig. »Perfekt, dann schmeiß mal AC/DC rein, und schön aufdrehen das Ding!« Wir echten Fans sagen natürlich eigentlich »Acca Dacca«. Warum? Na ja, so wird die Band eben in ihrem Heimatland genannt.

Schon der erste Ton jagte eine massive Schallwelle durch den Raum, die schlagartig alle vier Kerzen löschte. Ich erinnere mich noch, als wäre es gestern: *T. N. T.* bläst Kerzen aus! Doch auch *Back in Black* funktionierte erste Sahne, wohingegen *Thunderstruck* vielleicht nicht basslastig genug war. Möglicherweise lag's aber nur an meiner Version.

Nun wusste ich: Mit AC/DC kann man das Licht aus-

machen! Dafür lässt mir das Rätsel um meine Uroma noch immer keine Ruhe. Vielleicht werde ich doch irgendwann mal eine Testreihe mit einer rüstigen Seniorin im Glockenrock starten. Sollte es jemals ein Ergebnis geben, erfahren Sie es zuerst – in einem neuen Buch.

Ach ja, und falls Sie sich fragen, ob man mit Heavy-Metal-Musik Nudelsalat aus einer Schüssel blasen kann: Es geht nicht, wir haben's probiert.

Glück im Forscherleben, Pech in der Liebe: Sabine Posniak, der ich eigentlich amouröse Avancen machen wollte, hat die Party leider viel zu früh verlassen. Ihr war wohl die Musik zu laut.

WISSENSCHAFT ALS ZAUBERTRICK

ÜBERSINNLICH? VON WEGEN! VOM MISSBRAUCH DER MENTALMAGIE

Miese Volksverblöder! Schmierige Halunken! Tiefergelegte Hochstapler! Ich muss mich jetzt mal ordentlich aufregen. Das kommt in der Öffentlichkeit meist gar nicht gut an, aber bei Mentalisten platzt mir der Kragen. Da ich der Wissenschaft zugetan bin, kann ich es kaum ertragen, wenn solche Pappnasen die Menschen verdummen, ihre Gutgläubigkeit ausnutzen und im schlimmsten Fall sogar Schaden anrichten. Keine Frage, die Tricktechniken können sehr gut sein und die Kunst entsprechend beeindruckend. Aber ich habe Angst vor einem Verdoofungstrend, der sich hierzulande immer weiter ausbreitet.

Zuallererst eine kleine Definition: Die Sparte der Zauberkunstform, die ich meine, heißt Mentalmagie; das finde ich auch richtig, denn so kann der Zuschauer direkt sehen, dass es sich um Magie, also Zauberei, handelt und alles auf Tricks beruht. Viele dieser Heinis nennen sich allerdings »Mentalisten« und machen nicht klar, dass sie mit Zaubertricks arbeiten. Schlicht gestrickte Menschen auf der Suche nach dem Übersinnlichen, nach geistigen Erklärungen oder nach Antworten auf schwere Lebensfragen können leicht zu Opfern werden – und das ist einfach nur igittigitt. Hier ein Beispiel:

Hanussen – genauer gesagt, Erik Jan Hanussen – war ein »Mentalist« oder auch »Hellseher«, der 1889 in Wien als Hermann Chajm Steinschneider geboren wurde und mit selbst erlernten, teils abgekupferten Tricks unter zahlreichen Künstlernamen herumtingelte. Unter dem Namen Hanussen wurde er dann richtig bekannt. Sein wahrscheinlich größter Coup war, dass er wegen hundertfachen Betruges angeklagt wurde und es trotzdem schaffte, nicht verurteilt zu werden. Eine super Werbung, denn seine gläubigen Anhänger sahen das natürlich als Beweis für seine übersinnlichen Fähigkeiten. Irgendwann besaß er so viel Macht (und Geld), dass er in Berlin eine der größten Zeitungen verlegte und mit seinen »astrologischen Börsentipps« die Kurse manipulieren konnte. Er gab sich als Däne aus und schmiss sich trotz jüdischer Herkunft als Sympathisant an die Nazis ran. Mutmaßlich durch verschiedene Erpressungen erlangte Hanussen vertrauliche Informationen, die er für sich zu nutzen wusste (so sagte er zum Beispiel den Reichstagsbrand voraus). Am 24. März 1933 wurde er vom SS-Sturmführer Rudolf Steinle erschossen – warum, ist bis heute unklar.

Zeitsprung. Mit 16 Jahren beherrschte ich selber schon ein paar einfache Mentaltricks und war natürlich in so mancher Mentalshow. In Grömitz an der Ostsee besuchte ich mit einem Freund die Show von Hanussen dem II (Willi Gerstel). Der »Hellseher« gab sich als Hanussens Sohn aus und führte beeindruckend absurde Titel vor seinem Namen: »Dr. der Parapsychologie«, »Astrologe«, »Lebensberater« und anderen Schwachsinn.

Gerstel hatte besonders in den 1970er-Jahren große Aufmerksamkeit genossen, und nachdem einige Zeit verstrichen war, erinnerten sich die gutgläubigen Menschen mal wieder nur an seine richtigen Voraussagen und weniger an die falschen. Eine seiner lukrativsten Methoden funktionierte wie die heutigen Massenmails: Er verschickte in großem Stil Briefe und warnte die Empfänger vor einem anstehenden Unglück oder einer drastischen Veränderung in ihrem Leben. Passierte einem leichtgläubigen Menschen dann wirklich etwas Schlimmes (was ja durchaus vorkommt), erinnerte dieser sich natürlich an den Brief und wurde zum Kunden von Willi Gerstel, der für eine private Sitzung bis zu 800 Mark nahm. Außerdem schrieb Hanussen II die Empfänger mehrmals an, sogar über Jahrzehnte. So berichtet ein Mann auf *www.allmystery.de*, dass er fast zehn Jahre später einen erneuten Werbebrief bekommen habe. Betreff: »Ich habe dich schon einmal gewarnt, und du hast auf meinen Rat nicht gehört!« Dem Mann waren tatsächlich zwei Schicksalsschläge widerfahren, und nun suchte er den Kontakt zu Hanussen II. Glücklicherweise war dieser allerdings einige Jahre zuvor verstorben. Er ruhe unsanft.

Zurück nach Grömitz. Die Vorführung begann, und tricktechnisch war die Show wirklich sehr gut. Auch die Bühnenpräsenz machte auf das zumeist ältere Publikum Eindruck, und Willi legte richtig los. Er zeigte einige Mentaltricks und »Heilungen«, auf die ich jetzt nicht näher eingehen will. Seine Ratschläge an Hilfe suchende Zuschauer waren jedoch eine einzige Katastrophe. Die Leute bekamen die Aufgabe, ihre Lebensfragen auf einen Zettel zu schreiben. Gerstel erriet dann die Frage auf dem ersten Zettel mittels einer schönen (und mir bis dahin unbekannten) Lesetricktechnik und gab seinen willkürlichen Senf dazu. So fragte eine Zuschauerin: »Meine Tochter ist gerade mit einem neuen Mann zusammen. Ist das der Richtige für sie?« Seine Antwort lautete: »Nein, es ist der Falsche. Der Richtige kommt erst in drei Jahren auf Ihre Tochter zu!« – »Tolle Wurst«, dachte ich mir. »Nun wird die vertrauensselige Mutter alles daran setzen, die beiden auseinanderzubringen, und pfuscht volle Kanne in die Beziehung rein. Na danke.« Doch eine weitere Antwort war noch wesentlich schlimmer. Auf die Frage: »Ich habe Krebs, was soll ich tun?«, antwortete Gerstel: »Gehen Sie nicht mehr zum Arzt, Ihr Krebs ist nun verschwunden, und Sie sind geheilt!«

Sie sehen schon, worauf ich hinauswill: Es gibt »Menschen«, die Tricks benutzen, um Schlechtes zu tun bzw. einfach nur ihren Profit zu erhöhen. Bitte fallen Sie nicht auf solche Scharlatane rein! Gut, Sie sind ja intelligent, aber ich sag's trotzdem. Gerstel machte übrigens Spitzenumsätze, denn er verkaufte nicht nur zahlreiche Einzelsitzungen nach der Show, er vertickte auch ein teures »Aurameter«, das aus nichts weiter als einem Stück Draht bestand und »schlechte Personen« von einem fernhalten sollte. Da schwillt mir doch glatt der Kamm.

Leider behaupten gerade immer mehr Zauberer, sie besäßen übersinnliche Kräfte, und verraten nicht, dass sie im Grunde Illusionskünstler sind. Wenn einer herumtönt, er werde Gedankenexperimente vorführen, dann zeigt er Tricks. Teilweise toll gemacht – aber eben reine Tricks. Ich finde es schade, wie die Zauberkunst dadurch in den Dreck gezogen wird.

Der neue Trend entstand vielleicht auch durch Uri Geller und die Sendung *The next Uri Geller*. Viele denken dabei an das Löffelverbiegen oder die kaputte Uhr, die plötzlich wieder läuft. Das sind nette Taschenspielertricks, die kein großes Können erfordern und nur gut verkauft werden müssen. Doch Uri Geller finde ich nicht nett. Er gehört zu der Übersinnlichkeitsmischpoke, die mit Gefühlen von Menschen spielt und teilweise massiven Schaden anrichtet. Ihm erneut eine Sendung und eine Plattform zu geben weckt bei mir den Wunsch, mich ausgiebig zu übergeben. Wenn ich nicht so sehr an den Kalorien hängen würde, dann täte ich's auch.

Warum? Geller manipuliert nicht nur die Gutgläubigen, nein, er schadet! So spielte er mit den Gefühlen von Eltern und prognostizierte 1992, das entführte ungarische Model Helga Farkas würde lebend und bei guter Gesundheit gefunden werden. Der Fall wurde gelöst. Aber nicht von ihm, sondern von der Polizei. Die Kidnapper hatten ihr Opfer brutal ermordet. Derart mit der verzweifelten Hoffnung von Eltern zu spielen ist meiner Meinung nach das Schlimmste, was er je fabriziert hat, doch es gibt noch mehr dummes Zeug über ihn zu berichten. Wenn Sie mehr wissen wollen, empfehle ich das englische Wikipedia (nicht die deutsche Version, weil sie viele Fakten über Uri Geller nicht kennt).

Wenn sich diese Zauberer nicht »Mentalisten« nennen, dann erkennt man sie auch an dem Namen »Gedankenleser« oder an Begriffen wie »Psychokinese« (das Bewegen von Gegenständen wie von Geisterhand), »Remote Viewing« (der Künstler behauptet, mit einem Zuschauer, der ein Bild gezeichnet hat, verbunden zu sein, und zeichnet das Bild dann nach), »Human Lie Detector« (der Magier erkennt, ob ein Mensch lügt) oder »Precognition« (die Vorhersage von Dingen, die in der Zukunft passieren werden).

So. Nachdem ich mich abreagiert habe, werde ich Sie jetzt als Aushilfs-Mentalmagier anlernen. Die drei kleinen Beispiele vermitteln Ihnen einen Eindruck davon, wie solche Tricks funktionieren. Aber bitte behaupten Sie nicht, Sie hätten übersinnliche Kräfte, oder wenn, dann nur deutlich ironisch. Anderenfalls hätte ich mir die Hasspredigt von eben ja sparen können.

Welche ist die Richtige?

Für diesen Trick benötigen Sie zwei verschiedenfarbige, gleich lange Kerzen (ich verwende eine rote und eine weiße). Sie zünden die Kerzen an.

Nun benässen Sie die Finger mit Spucke und drücken die Kerzen aus. Dann drehen Sie sich um und bitten eine Person, hinter Ihrem Rücken nur eine der Kerzen neu zu entzünden. Sie können sich auch ein Tuch oder einen Sack über den Kopf ziehen, damit nicht etwa eine Reflexion die richtige Kerze verrät. Trotzdem sind Sie in der Lage, ohne Hingucken die richtige Kerze zu bestimmen.

Wie das geht, wollen Sie wissen?

Ganz einfach: Sie befeuchten mit Ihrer Zunge nur bei einer Hand den Daumen und den Zeigefinger. Bei der zweiten Hand tun Sie nur so, als würden Sie die Finger ansabbern. Wenn Sie zeitgleich beide Kerzen löschen, sieht es links wie rechts gleich aus. Aber die benetzten Finger machen den Docht der einen Kerze etwas feucht, während der andere Docht trocken bleibt. Nun können Sie sich getrost umdrehen und den Zuschauer bitten, eine Kerze zu entzünden. Wenn die Kerze beim Anzünden knistert, wissen Sie, dass es die Kerze mit der Feuchtigkeit war. Die andere Kerze würde geräuschlos entflammen. So leicht kann Mentalmagie sein.

Wo ist die Münze?

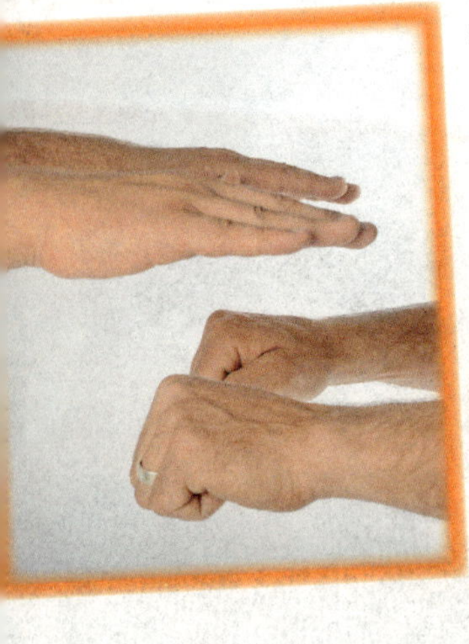

Ein anderes Beispiel, bei dem Sie immer richtigliegen, ist der Trick mit der Münze. Hierfür bitten Sie eine Person, die Münze in einer Hand zu verstecken und dann beide Arme nach vorn auszustrecken. Danach fahren Sie mit Ihrer eigenen Hand dicht über die des »Opfers«. Nach einigem Hokuspokus erraten Sie die Hand, in der sich die Münze befindet. Um von der Tricktechnik abzulenken, sagen viele Mentalmagier, man solle ihnen in die Augen schauen, und wenn der Künstler fragt: »Ist die Münze in dieser Hand?«, soll die Person bei der falschen Hand »Nein« denken, denn er könne sehen, ob man lüge oder nicht. Eine nette Ablenkung. Eine andere geht so: Man drückt die Arme nach unten und sagt, dass die Hand mit der Münze mehr oder weniger Widerstand biete. Oder man erzählt irgendeinen anderen Kappes.

Doch wie kann man nun feststellen, in welcher Hand sich die Münze befindet? An dieser Stelle gebe ich Ihnen noch etwas Zeit zum Nachdenken. Denn Sie könnten auch selbst draufkommen. Wichtig: Sie dürfen die Hände des Zuschauers nicht berühren. Und Sie sehen wirklich nicht, wo die Münze ist.

Na …?

Na …? Jetzt aber …

Die Zeit ist abgelaufen.

Was Sie brauchen, ist nur ein Magnet. Das Ein- oder Zweieurostück ist magnetisch. Wenn Sie den Magneten zwischen Ihren Mittel- und Ringfinger einklemmen und Ihre Hand dicht über die ausgestreckten Hände des Zuschauers halten, wird der Magnet leicht von der Münze angezogen, und Sie wissen Bescheid. Wenn der Magnet nicht reagiert, ist die Münze in der anderen Hand. Das ist alles.

Natürlich können Sie Ihren Magneten auch fleischfarben anmalen, oder Sie kaufen sich im Zauberfachhandel einen magnetischen Fingerring. Etwas Training, damit Sie den richtigen Abstand erwischen, ist natürlich auch von Vorteil. Sollten Sie mit der Wahrnehmung Probleme haben, können Sie sich auch einen Minimetalldetektor um den Unterarm binden. Der Detektor muss auf Vibration geschaltet sein und nicht etwa auf Piepen, sonst ist der Trick natürlich schnell aufgeflogen.

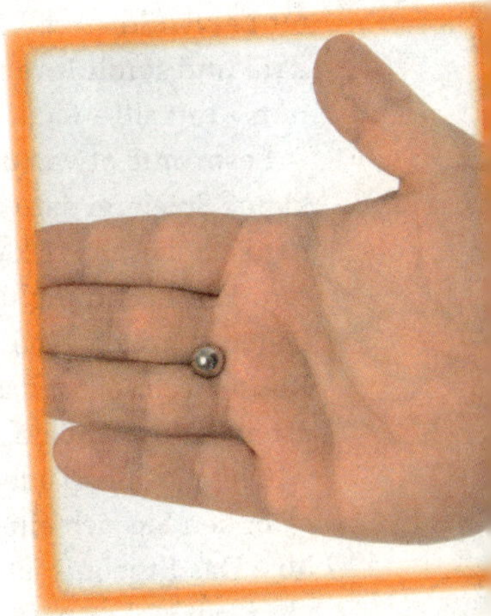

Zahlenmagie

Mein letztes Beispiel funktioniert ganz ohne Requisiten oder Hilfsmittel. Ich schreibe es so auf, wie ich es auf der Bühne vorführen würde. Bitte machen Sie mit, und: Volle Konzentration!

Denken Sie sich eine Zahl. Sie können wirklich jede beliebige Zahl nehmen, jedoch würde ich Ihnen zu einer Zahl zwischen eins und zwanzig raten, damit Sie mit dieser Zahl besser rechnen können. Denn das ist es, was Sie jetzt tun müssen: rechnen. Ich weiß, für den ein oder anderen kein Lieblingszeitvertreib, aber watt mutt, dat mutt.

Haben Sie sich eine Zahl ausgedacht? Prima. Nun addieren Sie bitte 40 zu Ihrer Zahl, sodass eine völlig neue Zahl entsteht, die ich nicht kennen kann. Also plus 40! Auch wenn es sinnlos erscheint, addieren Sie jetzt bitte 30. Also plus 30. Wiederum entsteht eine Zahl, die ich nicht kennen kann. Nun darf ich Sie bitten, 13 zu subtrahieren. Also minus 13. Anschließend ziehen Sie auch noch Ihre geheime Zahl von der entstanden Zahl ab. Also minus Ihre Geheimzahl. Und zu guter Letzt addieren Sie die Zahl 7. Also plus 7. Obwohl ich Ihre Zahl und somit Ihre Rechnung nicht kennen kann, haben Sie nun – tataa!!! – 64.

Leser mit etwas mathematischem Wissen sind auf diese kleine Spielerei natürlich nicht hereingefallen. Allerdings eignet sich dieser Trick ganz gut, um die Mentalmagie zu erklären. Die Rechnung und die vielen Zwischenschritte ermöglichen nämlich eine Denktäuschung. Durch das Rauf- und Runterrechnen ist das Gehirn derart beschäftigt, dass der Zuschauer die Sicht auf das Wesentliche verliert.

Ohne großes Tüdelüt drum herum könnte ich auch sagen: »Denken Sie sich eine Zahl … und ziehen Sie die Zahl wieder ab.« Das Ergebnis ist – tataa!!! – null. So durchschaubar machen wir's aber natürlich nicht. Stattdessen denken wir uns einfach irgendwelche Zahlen aus, die addiert und subtrahiert werden, um alles zu verschleiern. Natürlich muss man bei den eigenen Zahlen mitrechnen.

Der Weg meiner Rechnung noch mal genau:

Geheimzahl z. B.	8
plus	40
plus	30
minus	13
minus die Geheimzahl	8
plus	7
ergibt	64

Wenn Uri Geller den Trick noch nicht kennt, dürfen Sie ihn damit gerne in den Wahnsinn treiben. Es wäre mir eine Freude.

Ich wage eine düstere Vorhersage: Es wird immer Menschen geben, die auf solche skrupellosen Typen hereinfallen. Und mit meinen übersinnlichen Fähigkeiten sehe ich außerdem Folgendes: Klagen von Uri Geller oder von Hanussen-Erben gegen mich werden keinen Erfolg haben.

KONRADS FAMOSE HAUSHALTTIPPS

CHIPSTÜTEN VERSCHLIESSEN OHNE ALLES

Erstaunlich, wozu der Mensch ganz ohne Einsatz von Hilfsmitteln imstande ist. Er kann weltverändernde Gedankenexperimente durchführen (Albert Einstein). Er kann gleichzeitig acht Gegner mit den bloßen Händen besiegen (Bruce Lee). Und er kann eine halb volle Chipstüte ohne Clips oder Gummibänder verschließen (Konrad Stöckel). Dieser Trick ist ein richtig nützlicher, und er geht folgendermaßen:

1. Luft aus der Tüte drücken und oben flach machen
2. Die Tüte bis zu den Chips einrollen

3. Tüte umdrehen und die äußeren Enden des gerollten Teils einklappen

4. Die eingeklappten Teile mit beiden Daumen festhalten und dann das Ganze komplett umkrempeln
5. Darauf achten, dass die Enden gut feststecken, fertig!

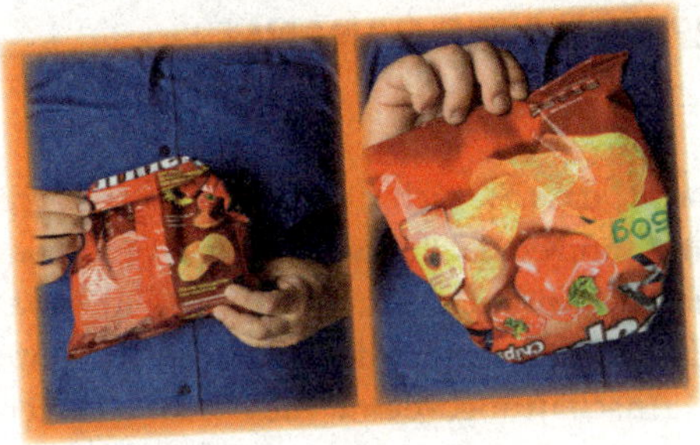

Damit es nicht heißt, ich würde die Chipsindustrie bevorzugen: Das Ganze funktioniert natürlich auch mit Flips-, Pops-, Bits-, Stixx-, Snaxx-, Craxx-, Flippies-, Fischli- und Knabberbrezeltüten.

Ehrlich gesagt, wurde in meiner Nähe schon lange keine halbvolle Chipstüte mehr gesichtet. Doch auch für die leeren kenne ich einen super Trick – er nennt sich »Der Grüne Punkt«.

EXPERIMENT
KEIN HAMMER? NIMM DIE BANANE!

Ich hätte nicht gedacht, dass Sie sich für Kapitel 40 tatsächlich flüssigen Stickstoff und ein isolierendes Dewar-Gefäß besorgen. Aber Sie haben es wirklich getan, Respekt! Für experimentierfreudige Feinschmecker ist das sowieso eine gute Anschaffung, denn die Gerätschaften sind schon die halbe Grundausstattung für die sogenannte Molekularküche, welche mit physikalisch-chemischen Prozessen arbeitet. Ich finde diese feine Kochkunst durchaus interessant – mir sind nur die Portionen zu klein. Da Ihnen mit dieser Profiausrüstung nun die Tür für weitere Effekte offen steht, lassen wir es jetzt mal richtig grob auf die stöckelsche Art krachen!

Wenn Sie sich eine Orange schnappen, diese circa 20 bis 30 Sekunden in den Stickstoff legen und dann mit einer großen Pinzette schnell wieder hervorholen, brauchen Sie nur ein paar kräftige Schläge mit einem Hammer, um sie zu zertrümmern. Aber Vorsicht! Die herumfliegenden Orangensplitter können scharfkantig sein, also bitte eine Schutzbrille tragen und Handschuhe ja sowieso! Die verstreuten Orangenreste sind super, um sie hinterher ... äh ... wegzuwerfen.

Die organischen Strukturen in den Früchten erstarren durch den Stickstoff, dadurch werden sie härter als bei Raum-

temperatur und verlieren ihre Elastizität. Sie können also genauso gut eine Banane in den Stickstoff halten. Danach lässt sich mit ihr ein Nagel in ein Holzbrett schlagen, denn nach dem Kältebad ist die Banane hammerhart!

Schade, dass gefrorene Früchte nicht einen kompletten Werkzeugkasten ersetzen können. Aber sind sie vielleicht sonst irgendwie nützlich? Sind Eismelonen vielleicht die besseren Bowlingkugeln? Erzielen kalte Kirschen Rekordzeiten auf der Murmelbahn? Sollte ich immer Stickstoff und Banane neben dem Bett liegen haben, um Einbrecher in die Flucht zu schlagen?

Fragen, die Sie sich besser nicht stellen sollten.

EXPERIMENT
EIN EI SCHLÄGT SALTO ODER: WAS KLEINE KINDER GLÜCKLICH MACHT

Früher war ich ein echter Morgenmuffel und insbesondere nach einem fröhlichen Abend mit meinen Kumpels kaum aus dem Bett zu kriegen. Seit ich jedoch eine kleine Tochter habe, kann ich mir die morgendliche Müdigkeit nicht mehr leisten, denn die neue Hausherrin hat für derlei Zipperlein einfach kein Verständnis. Direkt am Frühstückstisch muss eine Eins-a-Show starten, die ihr die ersten staunenden und glücklichen Gesichtsausdrücke des Tages entlockt. Zauberei und Wissenschaft sind immer eine sichere Bank, um ihre Aufmerksamkeit zu gewinnen.

Eigentlich lässt sich beinahe jeder Gegenstand zum Zauberrequisit verwandeln, wenn man die Tricktechniken kennt, sie auf andere Objekte überträgt und die Phantasie ein wenig anstrengt. So verwandele ich meinen Orangensaft gern in ein gleichfarbiges Tuch, lasse geheimnisvoll angekündigte »1111 Salzkörner« aus meiner Hand verschwinden und in eine Tasse wandern oder verbiege die Joghurtlöffel mittels Gedankenkraft bzw. billiger Tricks. Auch einfache physikalische Effekte kann man prima am Frühstückstisch vorführen. Zum Beispiel mit meiner Illusions-Allzweckwaffe, dem Ei.

Die Aufgabe: Befördere das Ei von einem Eierbecher in den danebenstehenden zweiten Eierbecher, ohne die Hände zu benutzen und ohne das Ei oder dessen Becher zu berühren. Vor allen Dingen: ohne dass die Laune des Töchterchens sinkt.

Vorbedingung: Das Ei sollte hart gekocht sein und der Eierbecher nicht zu groß. Ideal ist ein Ei, das gerade so auf den Eierbecher passt – also auf keinen Fall darin versinkt.

Nun muss man nur von oben kräftig auf das Ei pusten, und es hüpft aus dem Becher. (Das ist mal ein Eisprung!) Mit etwas Übung ist es sogar möglich, die Richtung des Eierflugs zu beeinflussen. Wahre Meister bringen es fertig, dass das Ei einen Salto macht.

ALLEZ – HOPP!

Und jetzt die Physik. Ein Ei ist nicht glatt, sondern rau und verfügt über viele kleine Dellen, schließt also nicht exakt mit dem Eierbecher ab. Die Luft strömt beim Draufblasen seitlich am Ei vorbei in den Becher. Dort entsteht ein Überdruck, der das Ei aus dem Becher hebt. Kommt die Luft nicht genau von oben, ist der Druck einseitig höher, sodass das Ei seitlich abhaut.

Es gibt Worte, die sind von Natur aus grausam. Etwa »Moin, Moin, aufstehen!« – da können sie noch so fröhlich in den Raum geschmettert werden. Um die Wahrheit zu sagen, habe ich meine neue Morgenfrische meistens nur gespielt.

EXPERIMENT
WARUM JESUS ÜBERS WASSER GEHEN KONNTE

Als Kind habe ich meine Religionslehrerin Frau Ehlers zur Verzweiflung getrieben. Zumindest war sie kurz davor, vom Glauben abzufallen. Konnte der kleine dicke Konrad nicht ein einziges Mal eine Wundergeschichte hinnehmen, ohne freche Fragen zu stellen? Nein, konnte er nicht. Jesus versorgte bei der »Speisung der 5000« die Menge mit Brot und Fisch. Aber warum gab's keine Butter bei die Fische? Und was ist mit Nachtisch? Wenn Jesus per Handauflegen Lahme gehend machte – war er vielleicht nur ein Chiropraktiker? Angeblich hat er Lazarus von den Toten erweckt. Hatte sich Lazarus womöglich nur tot gestellt, weil seine Frau ihn zum Abwasch verdonnern wollte? Ich glaube, Frau Ehlers hielt mich für eine biblische Plage.

HEUTE KANN ICH WIRKLICH ÜBERS WASSER GEHEN. ICH MUSS MIR NUR MERKEN, WO DIE GLASBAUSTEINE LIEGEN.

Heute weiß ich, dass Forscher genauso unbequeme Fragen stellen. Und manche versuchen, die Wunder wissenschaftlich zu erklären, zum Beispiel das Über-das-Wasser-Gehen. Der Ozeanologe Doron Nof von der Universität Miami behauptet, damals habe am See Genezareth ein bitterkaltes Klima geherrscht, und der Heiland sei schlicht über eine Eisscholle gewandelt. Ich persönlich habe eine Alternativtheorie, ausgehend von den Wasserläufern. Die Beine dieser Insekten verlaufen fast parallel zum Wasser und bilden eine große Fläche, die das Tier auf der Oberflächenspannung hält. Vielleicht, so mein Gedanke, hatte Jesus gewaltige Füße und trug Sandalen in Übergröße. Wie der Wasserläufer hätte dann Jesus die große Fläche nutzen können, um per Oberflächenspannung trocken zu bleiben. Nur so eine Theorie.

Ziemlich oberflächliches Experiment. Aber spannend!

Wie kräftig die Oberflächenspannung wirkt, zeigt ein minimalistisches Experiment: Wir lassen eine Büroklammer auf einem Glas Wasser schwimmen, und zwar ganz ohne Trick. Der Ablauf: Einfach das Glas mit Wasser füllen und ausprobieren! Meist klappt es nicht auf Anhieb, denn man braucht schon eine sehr ruhige Hand. Helfen kann eine Pinzette. Oder aber Sie falten sich aus Schokoriegeleinwickelfolie (tolles Wort!) einen Halter, legen die Klammer darauf und bugsieren sie vorsichtig auf die Wasseroberfläche. Dann wird der Halter noch vorsichtiger entfernt, ohne das Wasser in Bewegung zu bringen. Die Büroklammer schwimmt! Natürlich würde ihr Auftrieb nicht reichen, um sie oben schwimmen zu lassen. Aber die Wasserteilchen halten so fest zusammen, dass sie den gebogenen Metalldraht tragen. Wie gesagt: Oberflächenspannung.

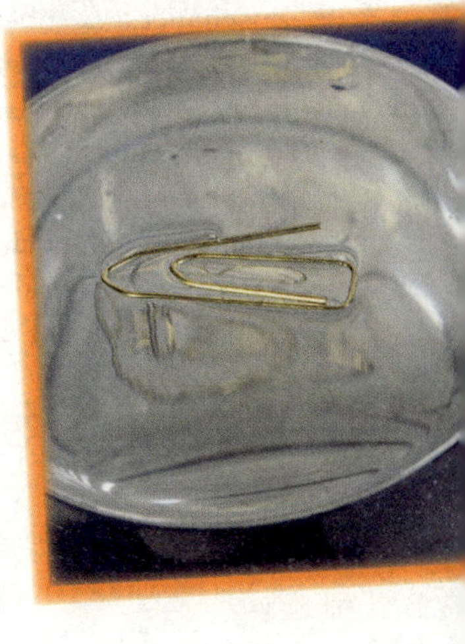

Sie können das Ganze auch als Wette vorführen, indem Sie gegen eine andere Person antreten. Das Glas des Gegners versetzen Sie vorher fieserweise mit einem Tropfen Spülmittel und achten darauf, dass kein verräterischer Schaum entsteht. Durch das Spülmittel wird die Oberflächenspannung des Wassers zerstört. (Diese Eigenschaft wird beim Geschirrspülen benötigt, damit das Wasser auch in die kleinste Ritze fließen kann.) Im derart entspannten Wasser wird die Büroklammer zwangsläufig sang- und klanglos untergehen, und Sie haben die Wette gewonnen.

Zurück zum Thema Jesus: Falls er die Oberflächenspannung nutzte, hätte man keinesfalls Spüli in den See Genezareth kippen dürfen. Sonst würden wir ihn heute bewundern als den Mann, der durch das Wasser schwamm.

Schon lange spiele ich mit dem Gedanken, eine Religionsshow auf die Beine zu stellen. Wie ein Wanderprediger würde ich dann von Theater zu Theater ziehen und Jesu' Wunder nachmachen. Gedankentricks ... die Heilung eines Zuschauers ... übers Wasser gehen. Für den tiefreligiösen Leser mag das blasphemisch klingen, aber als Zauberkünstler und Hobbywissenschaftler möchte ich möglichst alles auf irdischem Weg erklären. Davon wird der Himmel schon nicht einstürzen.

WISSENSCHAFT ALS ZAUBERTRICK

ZEICHEN AUF DER HAUT

Das Zaubern ist ein alter Hut, also kommt es immer wieder vor, dass richtig gute Tricks in Vergessenheit geraten. Hier und jetzt hebe ich einen kleinen Schatz und präsentiere einen Trick, den ich aus einem über 60 Jahre alten Buch habe. Das Buch besitze ich gleich dreimal, denn immer wenn ich eines im Netz sehe, kaufe ich es. Es ist derart selten, und die Trickgeheimnisse sind derart rar, dass ich mit diesem Wissen sogar erfahrene Zauberkünstler verblüffe. Ich könnte Ihnen den Titel des Buches verraten, aber dann müsste ich Sie töten. ('tschuldigung, diesen blöden Spruch wollte ich schon immer mal anbringen.)

So sieht der Trick aus

Sie bitten einen Zuschauer, irgendeine Karte aus einem Kartenspiel zu ziehen. Danach steckt er die Karte wieder zurück in den Stapel, und das Spiel wird kräftig durchgemischt. Anschließend soll er auf einen kleinen Zettel seinen Spielkartenwert notieren, zum Beispiel »Karoacht«. Sie dürfen diesen Spielkartenwert natürlich nicht wissen, also drehen Sie sich ganz brav um, während er schreibt. Jetzt weisen Sie den Zuschauer an, den Zettel so zu falten, dass Sie auch bei genauer Betrachtung keinesfalls den Spielkartenwert sehen können.

Nun benötigen Sie noch ein Feuerzeug und einen Aschenbecher. Sie halten den Zettel mit spitzen Fingern, zünden ihn

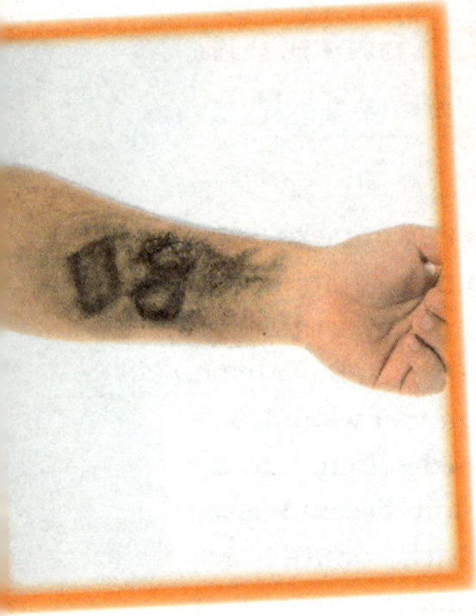

an, und sobald sich die Flamme Ihren Fingern nähert, lassen Sie den Zettel in den Aschenbecher fallen. Sie behaupten, dass sich die Informationen des Kartenwertes auf geheimnisvolle Weise (ähnlich wie bei der Homöopathie) noch immer in der Asche befinden, und schütten die Asche in Ihre Hand. Dann verreiben Sie die Asche auf Ihrem Unterarm. Dort wird langsam der Kartenwert sichtbar, so, als hätte ihn die warme Asche auf die Haut gebrannt. Deutlich sichtbar steht sie da: die Karoacht.

So wird's gemacht

Als Erstes müssen Sie eine Spielkarte aus einem Kartenspiel forcieren. Das heißt, Sie zwingen dem Zuschauer unbemerkt eine vorher bestimmte Karte auf – während er denkt, dass er die freie Wahl hätte. Es gibt sehr viele Forciertechniken, mit denen man sich jahrelang beschäftigen kann; die einfachste wäre natürlich, ein Kartenspiel zu nehmen, das nur aus Karoachten besteht. Etwas eleganter ist aber, zur Hälfte verschiedene Karten zu benutzen, während die andere Hälfte aus gleichen Karten besteht, in diesem Fall aus Karoachten. Nun können Sie die Karten von unten als gemischt vorzeigen und müssen nur sicherstellen dass Ihr Zuschauer eine Karte aus der oberen Hälfte wählt. Falls er danebengreifen sollte, ist die Nummer gelaufen, und Sie müssen einen anderen Trick vorführen. Oder Sie täuschen eine Kreislaufschwäche vor, lassen sich raustragen und winken dabei tapfer.

Bevor Sie jedoch mit der Darbietung anfangen, müssen Sie noch Ihren Arm präparieren – also ab aufs Klo. In der Nasszelle finden Sie meist alles, was Sie für Ihre Präparation brauchen: Wasser und Seife.

Nun benetzen Sie Ihren Unterarm mit Wasser. Dann nehmen Sie ein Seifenstück und malen sich mit einer Ecke der Seife den von Ihnen vorbestimmten Kartenwert auf den Arm.

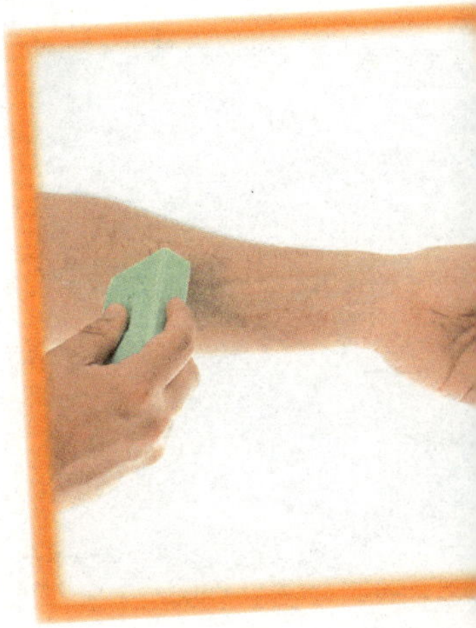

Lassen Sie jetzt Ihren Unterarm trocknen.

Vorsicht: Bloß nicht mit einem Handtuch die ganze präparierte Seife wegreiben! Wenn's wirklich schnell gehen soll, einfach vorsichtig tupfen. Ärmel drüber, und Sie sind fertig für diesen schönen Trick.

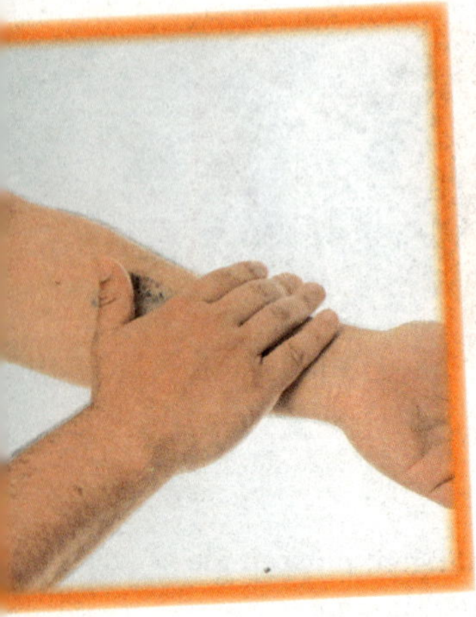

Nachdem Sie dem Zuschauer die Karte aufgedrängt haben, müssen Sie nur noch die Asche aus dem Aschenbecher auf den Arm reiben.

KONRADS FAMOSE HAUSHALTTIPPS

DIE BABYBEL-KERZE

Das ist wieder mal typisch für Deutschland! Wir leisten uns ein riesiges, kompliziertes, grün gepunktetes Recyclingsystem – und die wichtigste Wertstoffquelle direkt vor unserer Nase übersehen wir: die roten Babybel-Wachshüllen. Eines Tages habe ich mich nach dem genüsslichen Vertilgen mehrerer Minikäsedrops gefragt, ob man aus dem Wachs nicht eine Kerze machen könnte. Sofort begann ich mit dem experimentellen Kneten, und durch die Handwärme konnte ich die Hüllen tatsächlich zu einer geschmeidigen Masse durchwalken. Fehlte nur noch ein Docht, aber die Lösung lag nah: Ich nahm einfach eine dünne Kerze, brach sie mehrfach durch und klaubte das Kerzenwachs vom Docht. Den Docht umhüllte ich mit dem Babybel-Wachs, und schon hatte ich eine Kerze – nur viel hässlicher als die erste. Hurra!

Ich weiß selber, dass das, ökologisch gesehen, ein Nullsummenspiel ist, aber das war schließlich nur der allererste Versuch, der die technische Machbarkeit beweisen sollte. Richtig nützlich ist der Trick dann, wenn man auf die Schnelle eine Kerze improvisieren will, etwa weil es beim Picknick oder Camping plötzlich romantisch werden soll.

Die einfache Variante

Aus einem kleinen Stück Papier wird ein Docht gedreht. Man schmilzt das Wachs mit dem Feuerzeug ein wenig an und behandelt das obere »Docht«-Ende mit dem flüssigen Wachs (so kann es nicht zu Asche zerfallen, bevor die Kerze brennt). Den Rest der roten Hülle (eine reicht) wickelt man um den Rest des Dochtes und knetet ihn fest. Jetzt noch das untere Ende fest auf eine glatte Unterlage drücken, um eine flache Standfläche zu formen, und fertig. Brenndauer: wenige Minuten, genug für ein Happy-Birthday-Ständchen.

Die mitteleinfache Variante

Man kann aus mehreren Babybel-Hüllen eine größere Kerze formen und Schnüre als Docht ausprobieren. Beim Picknick liegt zum Beispiel eine Salami-Kordel nahe. Wenn man aus Alufolie eine becherartige Außenhülle formt, kommt sogar ein bisschen Stil auf die karierte Decke.

Die mir zu komplizierte Variante

Wenn Sie viele Wachshüllen sammeln, diese einschmelzen und einen Docht aus dem Bastelladen verwenden, können Sie eine richtig elegante Kerze gießen. Ich persönlich mache das nicht, da habe ich nicht die Geduld für.

So sieht meine Babybel-Kerze aus. Sie macht ein schön weiches Licht, in dem ich kein bisschen käsig wirke.

ERSTUNKEN UND ERLOGEN

BRINGT DIE FENG-SHUI-BOMBE DEN WELTFRIEDEN?

Anscheinend will sich Präsident Obama seinen Friedensnobelpreis doch noch verdienen, denn aus CIA-Laboren sickerte eine beglückende Nachricht durch: Die Entwicklung einer geheimen »Harmonisierungswaffe« steht quasi kurz vor dem Durchbruch. Das bedeutet: Endlich gehen die US-Streitkräfte auf ganzheitlich-globalen Kuschelkurs.

So viel ist bekannt: Die Waffe versetzt Gegner in einen Zustand der Zwangsbesänftigung, führt zu unnatürlich entspannter Laune und zwingt miesepetrige Menschen dazu, kleinen Kindern liebevoll übers Haar zu streichen oder ulkige Strohpüppchen für sie zu basteln. Mir persönlich wurden exklusive Details der Herstellung zugespielt, die ich hiermit verrate. Diese Informationen sind derart geheim, dass ich Sie dringend bitten muss, die Buchseiten nach der Lektüre herauszureißen und aufzuessen (Soßenrezepte im Anhang).

DIESE MARTINA-KRISTALLE WURDEN VON PASTOR JÜRGEN FLIEGE PERSÖNLICH GESEGNET, WIESEN JEDOCH EINE FUNKTIONSSTÖRUNG AUF

Zur Bombenproduktion formieren sich 101 tibetanische Mönche singend im Kreis und senden ihre positiven Gedanken an pastoral gesegnete Martina-Kristalle in ihrer Mitte.

BÖSER VERDACHT: WIRD PFANNI DEMNÄCHST IN DER RÜSTUNGSINDUSTRIE TÄTIG?

Die Kristalle laden sich langsam mit Gutmensch-Energie auf und müssen dann nur noch zu einem runden Ball geformt werden. Als Bindemittel dient eine klebrige Masse, die aus den Meditationskissen der Mönche herausgekocht und mit MONDAMIN Fix-Soßenbinder sowie angereichertem Uran weiter eingedickt wird. Auslösen lässt sich die Feng-Shui-Bombe durch einfaches Hinschmeißen. Die Kristalle zerspringen beim Aufschlag und setzen somit ihre positive Energie frei.

Die Wirkung

Die Bombe rundet alles Spitze im Raum hypoenergetisch ab. Dadurch bewirkt sie ein freies Zirkulieren des harmonisierenden Feng, beeinflusst Shui-mäßig die Psyche und wirkt wie die einschlägig bekannte Mischung aus LSD und Doppelherz, besser bekannt als »Pot Rheumatique«. Wie die geheime Quelle berichtet, stellt sich auf den Gesichtern der Opfer schlagartig ein breites Lächeln ein, ähnlich wie bei der 1978 entwickelten »Grinsepille« der CIA. Einzig bekannter Kollateralschaden ist heftiges Rudelknutschen unter den eigenen Soldaten – mit Zunge und allem Drum und Dran.

IN JÜNGSTER ZEIT DIENEN MEDITATIONSENERGETISCH AUFGELADENE KISSEN AUCH ALS HANDY-LADESTATION.

Wird Obama diese Waffe verantwortungsvoll einsetzen? Es wäre der Welt zu wünschen.

Meiner Meinung nach wird ein deutlich zu hoher Aufwand betrieben. Es wäre schon viel gewonnen, wenn sich die Menschheit mehr auf harmonische Körperrundungen konzentrieren würde. Ich jedenfalls hatte immer ein sehr ausgeglichenes Leben. Vielleicht liegt es aber auch daran, dass ich niemals mein Sitzkissen ausgekocht habe.

KONRAD TESTET
DIE RICHTIGE FÜR MICH

Es gab immer wieder Helden, die Leben und Gesundheit für die Forschung riskierten. Der Physiker Johann Wilhelm Ritter beispielsweise. Um das Jahr 1800 herum setzte er wiederholt seinen Körper unter Strom und galvanisierte seine Finger, seine Zunge und sogar seinen Augapfel. Oder der an anderer Stelle erwähnte John Paul Stapp, der die Auswirkungen der Beschleunigungskräfte untersuchte. Bei seinen Selbstversuchen auf einem Raketenschlitten beschleunigte er auf 1017 km/h und ließ sich in 1,4 Sekunden auf null abbremsen. Sein Körper ertrug dabei die 46-fache Erdbeschleunigung und quittierte die Aktion mit diversen Verletzungen und blutenden Augen. Ich selbst bin noch wesentlich weiter gegangen. Ich habe im Dienst der Wissenschaft meine Freundin verärgert. Und das kam so …

Die Redaktion der NDR-Sendung *Plietsch* hatte mir eine scheinbar harmlose Aufgabe gestellt. Es ging ausnahmsweise nicht um ein körperbetontes Experiment, sondern um einen ganz einfachen Test zum Thema Mann/Frau: Ich sollte eine bekannte Partnervermittlung ausprobieren, genauer gesagt, deren psychologischen Fragebogen. Die Idee war, mich bei der Partnerbörse im Internet anzumelden und zu schauen, ob die ermittelte Favoritin zu mir passte. Das schien mir ein recht angenehmer Auftrag zu sein, aber da ahnte ich noch nicht, dass es wahnsinnig peinlich werden würde.

Redakteur Niels empfahl, ich solle die Angelegenheit vorab mit meiner Freundin besprechen. Ich informierte sie äußerst knapp über den anstehenden Test, spielte die Sache gehörig herunter und gab Niels über ihre Quasieinwilligung Bescheid. Schon einen Tag später bekam ich erste Zweifel, denn die Seite begrüßte mich nach dem Einloggen mit einem älteren, ausgesprochen unvorteilhaften Foto von mir, das Niels für mein Profil verwendet hatte. Ich sah aus, als würde ich ein zu schnell gegessenes Stück Banane wieder aus dem Rachen in den Mund befördern wollen. Aber dass da überhaupt ein Bild war ... und jeder nun denken würde, dass ich auf der Suche wäre ...

So langsam schwante mir, dass großes Unheil seinen Lauf nehmen würde. Sei's drum, alles für die Wissenschaft, dachte ich und beantwortete die Psycho-Fragen. Danach übernahm die Redaktion wieder das Profil, um die Top 3 der Vorschläge auszuwählen und mit mindestens einer der Damen ein Treffen zu arrangieren. Da es schwierig war, die Frauen vor die Kamera zu locken, blieb mein Partnerschaftsgesuch einige Wochen online. (Ich hoffe übrigens sehr, dass es inzwischen nicht mehr durch das Netz geistert, überprüft habe ich es nicht.)

In diesen Wochen passierte Ungewöhnliches. Schon nach zwei Tagen hatte meine Freundin Redebedarf. Sie wurde unruhig und fragte sich, was denn passieren würde, wenn ich »die Richtige« vorgestellt bekäme, und ob die Aktion nicht beziehungsmäßig ein wenig brenzlig wäre. »Klar«, sagte ich, »wenn die neue Braut heißer ist als du, bin ich weg, dass das mal klar ist.« Es gibt Scherze, die sollte man sich besser verkneifen. Der Haussegen hing fortan auf halb acht.

Erschwerend kam hinzu, dass einige ihrer Freundinnen (die ich bis heute nicht kennenlernen durfte) ihr verrieten, dass ich ein Partnerbörsen-Profil hatte und ihnen vorgeschlagen wurde. Sie hätten mich also auswählen können – nicht als Top-Treffer mit 80 bis 100 Prozent Übereinstimmung, aber immerhin als 40- bis 60-prozentigen Trostpreis. Ob es nicht an der Zeit wäre, diesem Arschloch (also mir) mal ordentlich eins auszuwischen? Meine Freundin erwiderte, dass das Ganze ein NDR-Test sei und darum halb so schlimm. Das glaubte sie natürlich selber nicht, und so fand ich wenig später einen Klacks Senf in meinem Stück Geburtstagstorte.

Ich begriff allmählich, was für einen Sturm so ein Interneteintrag verursachen kann, denn die Gespräche wollten nicht abreißen. Dann endlich die Erlösung: Eine Dame aus Hannover mit 92-prozentiger Paarungsbereitschaft, äh, Übereinstimmung sagte einem Treffen zu. Niels hatte für diesen Tag ein richtig tolles Romantik-Paket ausgetüftelt: eine Tandemtour durch die Stadt, gefolgt von einem Flohmarktbesuch, und zum krönenden Abschluss ein Abendessen zu zweit. Vor laufender Kamera. Peinlicher ging es wohl nicht, was, Niels???

Auf der Zugfahrt nach Hannover war ich tatsächlich aufgeregt. Hatte ich plötzlich Angst vor Frauen? Die vermeintliche Idealpartnerin jedenfalls gab keinen Anlass dazu, denn mein erster Gedanke war: »Och ja, sehr freundlich, angenehm und sympathisch.« Nach der Begrüßung stiegen wir gleich auf das beknackte Tandem, und mein zweiter Gedanke war: »So schlecht ist der Ausblick auf dem hinteren Sitz nicht.« Allerdings wurde ich das Gefühl nicht los, dass meine Freundin, vorne auf dem Lenker sitzend, unsichtbar mitfuhr.

Flotten Trittes ging es durch Hannover zum Flohmarkt, und schnell stellten wir gemeinsame Interessen fest. Genau wie ich liebte sie Hörspielkassetten, und sie sammelte Dinge, die ich gut aus den Schubladen meines Requisitenzimmers kannte. Dann war es Zeit für das romantische Abendessen im Restaurant. (An dieser Stelle vielen Dank an Sie! Sie als Gebührenzahler haben das Essen schließlich bezahlt – und ich hatte ein besonders feines Restaurant ausgesucht.) Danach verabschiedeten wir uns, und ich zog vor der Kamera mein Fazit. Ich glaube, ich sagte so etwas wie: »Eine sehr nette junge Dame, aufgeschlossen und freundlich, doch irgendwie nicht ganz mein Typ. Ich hoffe, sie findet den Mann ihrer Träume.«

Stimmte ja auch alles. Nur, dass ich gar nicht auf der Suche war. Ich fühlte mich wie der letzte Arsch.

Als ich wieder zu Hause aufschlug, waren die Sorgen meiner Freundin längst verflogen. Kleiner Scherz. Bis zum heutigen Tag muss ich beteuern, dass da wirklich nichts lief. Nach der Ausstrahlung der Sendung gab es Nachschlag. Denn Trottel Konrad sah so aus, als würde er tatsächlich eine Freundin suchen – und da diese eine nicht der Glückstreffer war, dachten die Zuschauer(innen), der Platz an meiner Seite wäre weiterhin leer. Ich hatte demzufolge noch eine ganze Weile mit Damen zu tun, die über Facebook Kontakt aufnahmen und mich aus der Einsamkeit retten wollten. So, Liebling, jetzt kennst Du die Wahrheit.

Schatz, nachdem Dich die letzten 121 Blumensträuße nicht umstimmen konnten, hier noch mal ein Versuch.

EXPERIMENT
WIE BAUE ICH EINE NINJA-BOMBE?

Der Ninja (Japanisch für »Verborgener«) war ein furchtloser Partisanenkämpfer, der vorzugsweise als Kundschafter, Spion, Saboteur oder Meuchelmörder eingesetzt wurde. Mein erster Berufswunsch stand also fest, zumal ich meinen kindlich-rundlichen Körper für eine echte Tötungsmaschine hielt. Leider endeten Kampfrollen aus meinem Zimmer immer damit, dass ich wie ein Käfer zappelnd auf dem Rücken liegen blieb. Um Angst und Schrecken zu verbreiten, brauchte ich demnach eine Waffe, nur hatten mir meine Eltern strikt verboten, mit einem Holzschwert oder etwas Vergleichbarem herumzufuchteln, seitdem die dumme Sache mit der Vase passiert war.

Die billig produzierten Ninja-Filme aus Amerika zeigten sowieso etwas noch viel Besseres: die Ninja-Bombe! Der dunkle Kämpfer musste sie nur auf den Boden werfen, ein lauter Knall, ein Blitz, und schon konnte er in einer dicken Rauchwolke verschwinden, während sein Feind in die japanische Röhre guckte. Damals verlor ich die ganze Ninja-Sache schnell wieder aus dem Blick, weil ich lieber Restauranttester und später Zauberkünstler werden wollte (was ja auch geklappt hat). Die Bombe geisterte trotzdem weiter in meinem Hinterkopf herum, und etliche Jahre später startete ich eine Internetrecherche.

Konrad in seinem schwarzen Ninja-Anzug bei Nacht

Sicher war nur, dass es auch bombig aussehende weibliche Ninjas gab, die »Kunoichi«. Dagegen fand ich für die Existenz einer Ninja-Bombe keinerlei Belege. Doch ich erfuhr dafür andere Fakten:

- Ninjas schwitzen nicht.
- Ninjas können jederzeit unter Wasser atmen.
- Ninjas sterben nur durch Ninjas, sonst gar nicht.
- Ein Ninja-Furz ist tausendmal tödlicher als der Biss der Klapperschlange. Bei richtiger Windrichtung kann er ein ganzes Dorf auslöschen!

Na ja, Internetfakten eben.

Völlig klar: Wenn es keine Ninja-Bombe gibt, dann entwickle ich eben eine, dafür bin ich schließlich Konrad Stöckel. Hier kommen gleich zwei Anleitungen zum Bau einer Ninja-Bombe, mit der Sie Ihren Gegner verwirren und im Rauch schnell entkommen können.

Ninja-Bombe, die erste

Für das erste Bömbchen benötigen Sie:

- sechs bis acht Knallerbsen
- Schwarzpulver aus einem Silvesterböller
- einen halben Teelöffel Magnesiumpulver bzw. Magnesiumspäne (aus der Apotheke)
- einen Teelöffel Zucker und
- ein Blatt Küchenrolle.

Als Erstes öffnen Sie die Knallerbsen und schütten den Inhalt auf das Stück Küchenrolle. Dann vermischen Sie das Schwarzpulver mit dem Magnesium und dem Zucker und geben das Gemisch ebenfalls auf das Häufchen.

Anschließend wickeln Sie das Küchenpapier zu einem Ball zusammen. Entfernen Sie danach den Papierüberschuss, und verkleben Sie den Ball mit einem Stück Klebeband, damit er nicht wieder aufgeht. Wichtig: Bitte keine Klebebandkugel machen, es muss noch Papier frei bleiben, damit der Druck kontrolliert entweichen kann.

Unsere Ninja-Bombe ist damit fertig und funktioniert folgendermaßen: Die Füllung der Knallerbse besteht aus Sand und hochexplosivem Knallsilber. Trifft die Bombe auf den Boden, reibt das Knallsilber am Sand und entzündet erst sich selbst und dann das Schwarzpulver. Dadurch knallt's. Das Magnesium brennt schnell mit greller Flamme und erzeugt einen Blitz. Der Zucker ist nicht dazu da, den Gegner mit einer klebrigen Masse zu überziehen, nein, er erzeugt zusammen mit dem Schwarzpulver einen besonders schönen Rauch.

Der Trend geht ja zur Zweitbombe, also kommt jetzt noch ein Rezept.

Ninja-Bombe, die zweite

Bombe Nummer zwei funktioniert noch besser, erfordert aber etwas Engagement beim Einkauf: Sie besorgen sich im Baumarkt

- eine Stahlmurmel. Diese umwickeln Sie mit
- Spielzeugpistolen-Knallmunition. Sie erinnern sich hoffentlich noch? Das Zeug aus der Kindheit? Das rosafarbene Band mit den kleinen Knallpunkten. Fixieren Sie dessen Ende mit einem Stück Klebeband, und wickeln Sie den Rest komplett um die Murmel.

Die nächsten Zutaten gibt es nur im Zaubereibedarf: Sie nehmen ein Stück hochentzündliches

ACHTUNG: WENN IHNEN IHR HAUS LIEB UND TEUER IST, WERFEN SIE DIE BOMBEN BITTE NUR DRAUSSEN! BESONDERS MAGNESIUMSPÄNE KÖNNEN EIN WEILCHEN BRENNEN, WAS TOLL AUSSIEHT UND SAUGEFÄHRLICH IST.

- Pyropapier (gerade so groß, dass die Kugel gut umwickelt werden kann), geben einen Teelöffel
- Blitz-Rauchpulver darauf, legen die Kugel dazu und umwickeln das Ganze. Nur noch mit Tesafilm fixieren – fertig.

Jetzt fehlen nur noch die besten Einsatzgebiete der Bombe:

- als Nebenkriegsschauplatz zu Silvester
- um schlechten Straßenpantomimen die Show zu verhageln
- beim Dumm-angelabert-Werden in dunklen Gassen
- um für Stimmung auf dem Amerikaflug zu sorgen
- um aus Beziehungsdiskussionen mit der Lebenspartnerin zu fliehen

Und nicht vergessen: Vor dem Werfen immer furchterregende japanische Schreie ausstoßen. Für den Anfang empfehle ich »Hajaah!«, das geht immer.

ERSTUNKEN UND ERLOGEN
DAS RÄTSEL DER VERSCHOLLENEN SPORTLER

Immer wieder habe ich darauf hingewiesen, dass Sport das Format einer Persönlichkeit schrumpfen lässt. Stan Pilates von der University of Alternative Gymnastics hat den endgültigen Beweis für meine These erbracht und erschreckende Fälle dokumentiert: Sportler, die sich komplett in Luft auflösten.

Als erstes Vorkommnis gilt der Viererbob *Canada II* beim Weltcup 1981 in Calgary. Die Wettfahrt im Eiskanal verlief scheinbar normal, bis sich im Zielraum zeigte: Vier stiegen ein, aber nur drei wieder aus. Was war mit Hilfsbremser Michael Zabel passiert? Hatte er sich beim Anschieben so überanstrengt, dass er sich neben der Lunge auch alles andere aus dem Hals hustete? Oder ließen ihn die hohen Fliehkräfte durch die Bodenplatte des Sportgerätes diffundieren?

Ebenso rätselhaft der Fall des Turmspringers Hajo Draller, der bei den Meisterschaften 1985 einen geschraubten Seemanns-Köpper vom Dreier sprang – und niemals unten ankam. Die Punktrichter hörten trotzdem ein ordinäres Platschen, was in Abwesenheit des Sportlers zu einem Punktabzug führte.

Als sich die bulgarische Nachwuchsturnerin Larina Berenyi, der »Floh von Sofia«, bei einer Keulenübung spurlos verturnte, wurde die Vermutung laut, eine fremdartige Turnmattenfüllung habe die zierliche Athletin assimiliert. Ähnliches widerfuhr auch der tschechischen Schwergewichtsringerin Daliborka Svoboda, dem »Gewitter von Prag«, die jedoch ihrerseits die komplette Matte assimilierte.

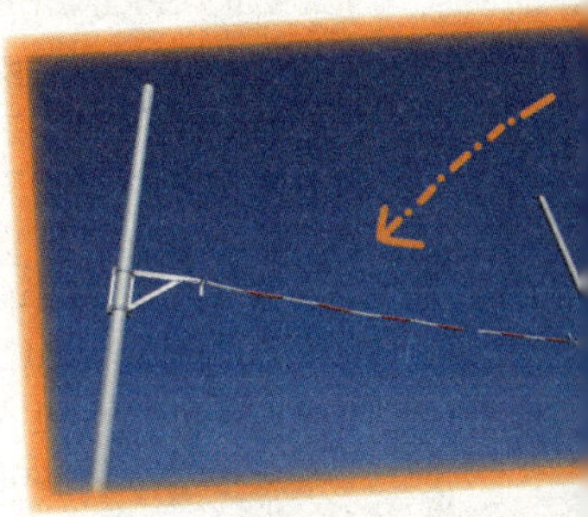

Das nächste Opfer: Stabhochspringer Olaf Gelzigk übersprang bei einem Freundschaftsspringen in Minsk gerade die Weltleistungsjahresbesthöhe von 5,86 Metern – um dann für immer spurlos hinter der Latte zu verschwinden. Wohin?

Als der holländische Eiskunstläufer Stampje van Utrecht nach einem Sprung nicht wieder aufs Eis zurückkehrte – später auch als »Toeloop ohne Wiederkehr« bezeichnet –, machten kritische Stimmen eine besonders bösartige Form der Luftreibung dafür verantwortlich.

Kenner vermuten eine hohe Dunkelziffer unentdeckter Fälle, und nur ein Fall wurde je wissenschaftlich geklärt. In den 1990er-Jahren waren auf dem Genfer See vier Ruder-Achter verschwunden, wobei stets der Steuermann mutterseelenallein und pitschepatschenass übrig blieb. Im Teilchenbeschleuniger des benachbarten CERN wurden die Vorfälle nachgestellt, und schnell fand man die verblüffend einfache Lösung: Die Boote waren samt Besatzung in eine Raum-Zeit-

Spalte gesaugt worden, während der Brülltrichter des Steuermannes einen rettenden höherdimensionalen Gegenstrudel erzeugt hatte.

Ich sag's noch einmal: Wer seinen Körper durch eine widernatürliche Leibeserziehung quält, darf sich nicht wundern, wenn die Natur mit allen Mitteln zurückschlägt. Wo soll die sinnlose Jagd nach Rekorden denn hinführen? Waldläufe über mehr als 50 Meter? Heben von Gegenständen über 200 Gramm? Mehr als zwei Kniebeugen hintereinander?

Nein, hier wird Schindluder mit dem menschlichen Organismus getrieben! Wenn der liebe Gott gewollt hätte, dass ich mein Sportabzeichen mache, hätte er mir Muskeln geschenkt. Ich fordere also eine Neuorientierung hin zu guten und sinnvollen Tätigkeiten wie Lesen oder Fernsehschauen. Bislang ist nicht überliefert, dass Menschen je von ihrem Sofa verschluckt wurden. Nicht einmal, wenn es aus Schweden kommt und luschig zusammengeschraubt wurde.

KONRADS FAMOSE HAUSHALTTIPPS
EIERTRENNEN NACH DER STÖCKEL-METHODE

Die kleinen Racker wollten nur beim Backen helfen und haben schon mal die Eier aufgeschlagen. Wie konnten sie ahnen, dass die Eier erst feinsäuberlich getrennt werden, damit Mutti für einen perfekt lockeren Kuchen einen Eischnee schlagen kann? Nun ja, die amtliche Eiertrennprozedur, bei der das Eigelb von einer Schalenhälfte in die andere wandert, ist für patschige Kinderhände sowieso zu kompliziert. Wird jetzt geschimpft? Nie im Leben! Stattdessen loben wir die Juniorkonditoren für ihren Eifer und trennen die Eier im Nachhinein mit meiner einfachen und eleganten Methode. Dabei bekommen wir sogar tatkräftige Unterstützung – vom Unterdruck. Kurz gesagt: Dieser Tipp ist das Gelbe vom Ei.

Alles, was wir brauchen, ist eine saubere Plastikflasche mit einer nicht zu kleinen Öffnung. Nun drücken wir die Flasche ein wenig zusammen, setzen die Öffnung vorsichtig auf das Eigelb und lockern langsam unseren Griff. Durch den Unterdruck wird die gelbe Murmel in die Öffnung gesaugt (ich bin immer wieder erstaunt, was so eine Dotterhülle alles aushält). Um das Eigelb aus der Flasche zu befreien, wird einfach ein wenig gedrückt, und schon flutscht die weiche Kugel wieder heraus.

Jetzt steht dem fluffigen Kuchen nichts mehr im Wege. Beim Verputzen der Kuchenstücke sind die Kinder bestimmt noch eifriger bei der Sache als beim Zubereiten. Bei mir jedenfalls war das früher so.

Apropos Kuchen: Es gibt nur wenige Dinge, die ich im Leben bereue. Die Aktion, bei der ich einen Gugelhupf mit einem Chinaböller gesprengt habe, gehört definitiv dazu. Danach habe ich mich selber zu zwei Tagen Stubenarrest verdonnert.

WISSENSCHAFT ALS ZAUBERTRICK
DER HOLZKLOTZ

Der Beginn meiner Zauberkarriere verlief etwas hölzern. Einerseits, weil ich meine ersten Tricks aus Holz gebaut habe, andererseits, weil einige davon mit Pauken und Trompeten gescheitert sind. So konstruierte ich im zarten Alter von 11 Jahren eine Schachtel, die ich dem Publikum leer vorzeigte, dann schloss – und unter großem Tamtam, mit Sahnebonbons gefüllt, wieder öffnete! Mit diesem Kindergeburtstags-Hit wollte ich auf billige Art die Gunst meiner Gäste kaufen und insbesondere bei Gaby Rohde Eindruck schinden. Ich konnte ja nicht ahnen, dass Gaby eine Laktoseintoleranz hatte und mies gelaunt mit ansehen musste, wie die anderen genüsslich die sahnigen Bollos verdrückten. Meine ersten amourösen Abenteuer mussten also noch etwas warten.

Drei Jahre später baute ich meinen größten Trick aus Holz: eine Fluchtkistenillusion. Bei diesem Effekt steigt ein Künstler in eine große Holzkiste, diese wird verriegelt und abgeschlossen, danach steigt ein anderer Künstler oben auf die Kiste. Er hält einen großen Vorhang vor sich, hebt ihn über seinen Kopf und zählt bis drei. Beim Senken des Tuches haben beide auf einmal die Plätze getauscht – ziemlich beeindruckend.

Schnell war das Holz bestellt, und ich bastelte in meinem Kinderzimmer drei Tage lang eifrig an der großen Kiste herum. Mit meiner Assistentin Heike probte ich den Trick, und siehe da: Er gelang. Musste er auch, denn der Auftritt im Gemeindezentrum war schon fest abgemacht. Die große Show fand dann allerdings doch nicht statt, weil ich beim geplanten Verladen der Kiste eine unschöne Entdeckung machte. Ich hatte sie derart groß gebaut, dass sie nicht durch die Tür passte. Sie hat den Raum niemals verlassen, und noch heute steht im Haus meiner Mutter im jetzigen Kaminzimmer ein Riesenkasten und erschreckt mit seiner Sarg-Optik die Besucher. Liebe Mama, wenn du das hier liest: Jaja, ich kümmere mich noch drum, versprochen!

Dank meines wachsenden Leibesumfangs passte ich bald darauf sowieso nicht mehr in enge Kisten, also baute ich wieder kleinere Tricks mit Holz, zum Beispiel diesen Klotz, der Befehlen gehorcht.

Der Holzklotz sollte ungefähr acht mal acht Zentimeter groß sein, außerdem brauchen Sie noch eine Schnur. Bohren Sie mit einem Bohrer von zwei Seiten in den Holzklotz hinein. Die Bohrungen müssen sich im Inneren treffen – aber nicht als gerader Tunnel; sie müssen in einem Winkel aufeinandertreffen, zum Beispiel mit 40 Grad.

Nun fädeln Sie die Schnur durch den Holzklotz. Wenn Sie am Band ziehen, wird der Holzklotz auf der Schnur starr stehen bleiben, weil er sich an der inneren und den äußeren Kanten verklemmt. Der Physiker nennt das schlicht »Haftreibung«. Sobald Sie die Spannung lösen, rutscht der Klotz nach unten, denn die Reibung fällt weg und die Schwerkraft siegt (wie meistens im Leben).

Jetzt ist alles bereit für den großen Zauber. Zur besseren Wirkung kann man die Schnur durchaus noch einmal vor aller Augen einfädeln. Nun ziehen Sie das Band stramm und halten es senkrecht nach oben, sodass der Holzklotz oben auf der Schnur fest steht. Sie rufen: »Los!«, und der Holzklotz rutscht an der Schnur herunter. Dann: »Stopp!«, und der Klotz bleibt stehen. Das wiederholen Sie einige Male, und wenn der Klotz unten angekommen ist, bringen Sie das Schnurende erneut nach oben. Der Klotz darf wieder gehorsam nach unten wandern, Sie tauschen abermals die Hände, und noch einmal geht's kontrolliert abwärts.

Dann jedoch starren Sie auf den Holzblock und rufen erneut: »Los!« – wonach sich der Holzklotz plötzlich gegen die Schwerkraft nach oben bewegt! Mit einem energischen »Stopp!« rufen Sie ihn wieder zur Ordnung.

Sind Sie etwa Herrscher über die Gravitation? Könnten Sie mit etwas Übung einen Mittelklassewagen schweben lassen? Oder gar eine Stuttgarter Limousine? Nein, nein, das Geheimnis liegt in der Handhabung der Schnur. Während der ersten drei Durchgänge sorgen Sie dafür, dass Sie in der Drehung etwas Schnur in Ihrer Hand verstecken. Vor der überraschenden Aufwärtsbewegung haben Sie also einige Zentimeter Schnur in der *unteren* Hand verborgen. Jetzt müssen Sie nur noch die volle Aufmerksamkeit auf den Klotz lenken, oben ziehen und unten die Extraschnur freigeben. Sie ziehen also lediglich ein Stück Band aus der Hand heraus, aber der Eindruck ist … magisch.

Tja, der Misserfolg kommt beim Zaubern manchmal wie Konrad aus der Kiste. Übrigens habe ich neulich meine damalige Assistentin Heike getroffen. Sie hätte jetzt noch weniger Platz in der Fluchtkiste als ich. Sehr sympathisch.

56

EXPERIMENT

DICKE KINDER UND FLIEHKRAFT – ZWEI WELTEN PRALLEN AUFEINANDER

Ich kann mich noch ganz genau daran erinnern, wie ich als Kind jede Woche voller Begeisterung im ZDF Freddy Quinns *Zirkus, Zirkus* sah. Dort zeigten verschiedene Varieté- und Zirkuskünstler ihr Können, und ich saß mit großen Augen vor der Flimmerkiste. Allerdings bin ich 1978 geboren, und Herr Quinn moderierte die Sendung von 1981 bis 1984. Zu der Zeit durfte ich noch gar nicht Fernseh gucken. Vielleicht gab es Jahre später Wiederholungen, oder ich verwechsle das mit *Stars in der Manege*. Oder ich werde langsam alt und daddelig. Wie dem auch sei ... Ich wollte alle Kunststücke nachmachen und nachbauen, also häuften sich in unserem Garten die krumm und schief zusammengedengelten Requisiten meiner Artistenshow. Die Begeisterung meiner Familie hielt sich leider in Grenzen, und irgendwann wollten sie den Plunder einfach nicht mehr sehen. Im Nachhinein verständlich, denn es stapelten sich: Podeste für Löwen (meine kaputt geliebten Kuscheltiere), schlecht gespannte Hochseile (von denen Moppelchen Konrad immer sofort herunterplumpste), Einräder (von denen Moppelchen Konrad ebenfalls sofort herunterplumpste) sowie Jonglierkeulen und -bälle (die Moppelchen Konrad immer gleich herunterplumpsten). Auch eine Hypnospirale nannte ich mein Eigen – nur leider konnte ich auch nicht hypnotisieren. Einmal dachte ich, ich hätte meine Mutter in Trance versetzt, aber sie war nur vor Langeweile eingeschlafen. Irgendwann verlor ich an diesem Gerümpel selber das Interesse.

Dann entdeckte ich im Fernsehen (es muss bei Freddy Quinn gewesen sein!) einen Mann, der eine »Rolla-Rolla-Darbietung« vorführte. Der Artist legte ein Metallrohr auf einen Tisch und dann ein Brett auf das Rohr, sodass die Konstruktion wie eine Wippe aussah. Er stieg auf das wacklige Brett und balancierte darauf wie ein junger Gott. Anschließend nahm er noch mehr Rohre und Bretter und stapelte sie zu einem hohen Turm. Er bestieg ihn und fiel immer noch nicht herunter. Als Höhepunkt griff er einen Ring mit ungefähr 30 bis 40 Zentimeter Durchmesser und stellte in diesen drei bis fünf Zentimeter breiten Ring ein Glas. Das allein ist noch keine Kunst, doch er konnte – balancierenderweise – mit dem Glas im Ring tanzen und es horizontal und vertikal überschlagen, ohne dass auch nur ein Tropfen Wasser zu Boden fiel. Am Ende seiner Vorstellung sprang das Glas in seine Hand neben dem Ring – es war also noch nicht einmal festgeklebt, und ich war baff.

Das musste ich naturgemäß sofort ausprobieren, und schnell war aus einer Baumarkt-Plastikleiste ein leicht wabbeliger Ring gebastelt. Von außen beklebte ich ihn mit Show-Glitterfolie und griff mir das vererbte Lieblingsglas meines Vaters, das ich für ein stinknormales Glas hielt. Mit Schwung wirbelte ich das Glas im Ring durch mein Zimmer, es klirrte, und das Trinkgefäß flog durch das neue Loch in der Fensterscheibe raus in den Garten. Wegen der Scheibe bekam ich mächtigen Ärger, aber das Glas blieb glücklicherweise heile, da es auf dem Rasen landete. Mein Vater hat es irgendwann selber zerstört, als er meiner Mutter mal beim Abwasch helfen wollte. Meine Mutter sagte: »Typisch Mann!«, mein Vater sagte nichts.

Aber komisch: Im Fernsehen ging das doch! Schlauerweise experimentierte ich im Garten weiter. Nach zahlreichen durchnässten Hemden – Papa musste während der Zeit nie den Rasen sprengen – hatte ich den Dreh schließlich heraus, und nun lasse ich Sie an diesem Wissen teilhaben.

Es kommt auf die richtigen Bewegungen an: Wichtig ist, den Ring direkt gegenüber dem Glas festzuhalten und gleichmäßig kreisende Bewegungen auszuführen. Bloß nicht abrupt anhalten! Damals war mir nicht klar, warum es funktionierte, heute weiß ich, dass es an der Fliehkraft bzw. Zentrifugalkraft liegt. Dabei handelt es sich um eine von der Rotationsachse radial nach außen gerichtete Trägheitskraft, allseits bekannt durch Kettenkarusselle, Wäsche- und Salatschleudern sowie Raser, die wegen überhöhter Geschwindigkeit aus der Kurve fliegen.

Doch das Kunststück klappte keineswegs immer! Damit Sie erfolgreicher sind als ich, habe ich das Ding neulich noch einmal nachgebaut. Ein echtes Glas-Glas rutscht zu leicht und fliegt schon bei kleinen Fehlern aus dem Ring. Deshalb verwenden Sie bitte ein Plastikglas, das einen leicht rauen Ring am äußeren Boden hat. Außerdem hilft es, den Ring von innen mit dünnem Schleifpapier auszukleiden. Jetzt müssen Sie nur noch zum Üben in den Garten – und bloß nicht die guten Sonntagsklamotten anziehen!

ES REICHT, WENN SIE FOLGENDEN MOVE ERLERNEN.

Was Freddy Quinn wohl dazu sagen würde?

BIS ZUM ERSTEN TEST MIT MEINEM ÜBERSCHLAGFAHRRAD DACHTE ICH, DIE FLIEHKRAFT WÄRE MEIN FREUND. LEIDER GING SIE DOCH IHRE EIGENEN WEGE, UND DAS WAREN NICHT DIE MEINEN.

KONRADS FAMOSE HAUSHALTTIPPS

WIR BAUEN UNS EIN KEHRBLECH

Ein Kehrblech leistet einem nicht nur beim Kehren gute Dienste, wie wir später noch sehen werden. Aber was, wenn wir mal kein Kehrblech zur Hand haben? Zum Beispiel, weil bei unserem lang gedienten Blech der Griff abgebrochen ist oder wir mit einem Staubsauger als einzigem Gefährten in einem Ferienhaus im dänischen Hinterland festsitzen? Dann basteln wir uns eben ein neues! Alles, was wir dazu brauchen, ist eine Plastikflasche mit Griff, zum Beispiel eine Weichspülerflasche oder einen Plastikkanister für destilliertes Wasser. Wir werfen einen Blick auf die folgenden Bilder und schneiden die Flasche mit einem Messer oder einer kräftigen Schere in die richtige Form.

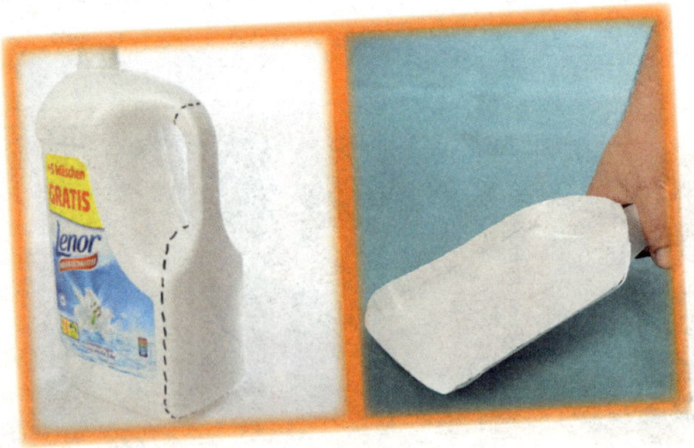

Bevor ich's vergesse: Das Do-it-yourself-Kehrblech kann man natürlich auch zum Kehren benutzen. Und falls die Plastikbuddel an der Griffseite keine gerade, sondern eine gebogene Fläche hat, entsteht kein Kehrblech, sondern eine Schaufel. Aber auch die kann sehr nützlich sein, wenn es im Garten etwas zu buddeln gibt oder die Primeln dringend in die Erde müssen.

Kleiner Ferientipp für Eltern: Wenn der Junior seine kleine Spielschaufel verliert, kann dieses Teil den Urlaub retten. Ich hab's selbst erlebt.

FORSCHUNG AUF ABWEGEN
DER LANGE ATEM DER GESCHICHTE

Pünktlich am 15. März des Jahres 44 v. Chr. hauchte Julius Cäsar seinen letzten Atem aus, gemeuchelt von den 23 Dolchstichen der Verschwörer. Aus heutiger Sicht wohl nicht unverdient, schon allein wegen des Massakers an 430 000 Germanen im Jahr 55 v. Chr. sowie diverser knackeblutiger Feldzüge. Aber was hat diese Geschichte mit uns zu tun? Eine ganze Menge sogar, denn der letzte Seufzer des römischen Imperators füllt auch heute noch unsere Lungen. Wie das? Ich werd's erklären.

So ungefähr sehen 1,5 mal zehn hoch 21 Luftmoleküle aus

In jedem Liter Luft befinden sich rund drei mal zehn hoch 22 Luftmoleküle. (Liebe Chemielehrer: Selbstverständlich weiß ich, dass es sich um Stickstoff-, Sauerstoff-, CO_2-, Edelgas- und sonstige Moleküle handelt. Habt ihr nichts Besseres zu tun, als besserwisserische Leserbriefe an Verlage zu schreiben?) Jedenfalls: Ausgeschrieben ergibt das eine Drei mit 22 Nullen. Wenn wir davon ausgehen, dass Cäsar bei seinem letzten Atemzug gut zwei Liter Luft aus seiner Lunge pumpte, dann entspricht das ungefähr sechs mal zehn hoch 22 Molekülen – eine Sechs mit 22 Nullen! Die Erdatmosphäre beherbergt geschätzte neun mal zehn hoch 22 mal zehn hoch 21 Luftmoleküle. Versuchen Sie erst gar nicht, sich diese Zahl vorzustellen, denken Sie einfach an den sterbenden Imperator und seinen finalen Seufzer, der in die Atmosphäre entfleuchte und dessen Moleküle sich in den nächsten 2000 Jahren überall in der Welt verteilen konnten. Dividiert man alle in der Atmosphäre vorhandenen Luftmoleküle durch die zwei Liter Luft aus Cäsars letztem Atemzug, ergibt das ein Verhältnis von 1,5 mal zehn hoch 21 zu eins. Schön – aber was heißt das?! Ganz einfach: In 1,5 mal zehn hoch 21 Luftmolekülen ist durchschnittlich eines aus Cäsars Lunge dabei.

Vorausgesetzt, wir sind nicht gerade verstorben, pumpen wir uns bei jedem Atemzug etwa einen halben Liter Luft in die Lunge. Unserer Rechnung zufolge bedeutet das, dass wir bei jedem unschuldigen Luftholen zehn der Moleküle einatmen, die bereits der römische Imperator in seiner Lunge beherbergte. Verblüffend, nicht wahr?! Das Gleiche gilt allerdings auch für Cäsars jugendlichen Freund Brutus. Und für Buddha. Oder Jesus. Und viele andere. Wer keine jahrtausendalten gebrauchten Moleküle in seiner Lunge haben möchte, hat eigentlich nur eine einzige Chance: aufhören zu atmen.

In diesem Zusammenhang mag ich gar nicht an den letzten Furz von Adolf Hitler denken.

EXPERIMENT
WHISKY ZU WASSER

Nein, hier handelt es sich nicht um das Wunder, das Jesus vermeintlich vollbrachte, nur in umgekehrt. Wir machen nicht Wasser zu Wein, wir demonstrieren nur einen einfachen physikalischen Effekt, der auf der unterschiedlichen Dichte von Flüssigkeiten beruht.

Dabei passiert Folgendes: Wie von Geisterhand tauscht das Wasser aus dem einen Glas den Platz mit dem Whisky aus dem anderen. So wird aus unten oben und aus oben unten.

Und so geht's: Sie füllen einfach zwei Whiskygläser randvoll, das eine mit Leitungswasser, das andere mit einem hochprozentigen Schnaps. Es empfiehlt sich auf jeden Fall, einen farbigen Schnaps zu nehmen, da sonst der Effekt unsichtbar bleibt, was irgendwie nur der halbe Spaß ist. Falls Sie keinen farbigen Alkohol in Ihrem Haushalt haben, sondern nur den beliebten Partywodka, können Sie selbigen mit Lebensmittelfarbe färben. Danach kann dieser hochprozentige Effekt beginnen.

Legen Sie ein Stück Pappe oder ein gefaltetes Blatt Papier auf das Wasserglas. Drehen Sie dieses nun kopfüber, indem Sie Ihre flache Hand auf das Blatt Papier legen, und platzieren Sie das Wasserglas mit dem Papier direkt auf dem Schnapsglas. Jetzt müssen Sie nur noch das Papier ein klein wenig verschieben, sodass zwischen den Flüssigkeiten ein kleiner Spalt entsteht. Nach einiger Zeit haben dann die beiden Flüssigkeiten ihren Platz getauscht.

Warum? Der Alkohol ist leichter, weil er eine geringere Dichte als Wasser besitzt. Sobald sich die Flüssigkeiten berühren, sinkt das schwere Wasser nach unten, und der Alkohol steigt an die Oberfläche. Tja, und wie Sie jetzt das obere Glas wieder herunterbekommen, das bleibt Ihr Problem. Viel Spaß beim Aufwischen der Schweinerei.

Na gut, wenn ich es mir recht überlege, dann könnten Sie wohl auch laminiertes Papier benutzen oder, wie ich, eine Postkarte. Diese ist leichter zu bewegen, wenn Sie den Spalt wieder schließen müssen. Außerdem können Sie das obere Glas abheben und in Ruhe umdrehen, wenn Sie das Ganze gut mit den Fingern fixieren. Und gleich noch ein Tipp: Im Zweifelsfall sollten Sie lieber das Wasser opfern, als den Whisky zu vergeuden. Ist so ein Erfahrungswert ...

Jedes Mal, wenn ich dieses Experiment vorgeführt habe, war das Glas mit dem Alkohol hinterher sofort weg. Das war kein Verschwinde-Zauber, das war mein versoffener Kumpel Murdoch.

WISSENSCHAFT ALS ZAUBERTRICK

SCHÖN SIMPLE BALLONTRICKS, ODER: WIE MAN EINE SHOW IN ZEHN MINUTEN ERFINDET

Es ist schon über 17 Jahre her, da rief mich mein guter Freund Danny Daniels an und wollte mich für die Jubiläumsfeier eines Supermarktes verpflichten. Ich war jung und brauchte das Geld, also hatte ich keine Fragen. Da Danny sehr stolz auf seine Vermittlung war, schickte er mir per Fax einen ganz offiziellen Auftrag:

Auftragsbestätigung für Konrad Stöckel, Jubiläum, Comedy-Show, No Stage, 10. 02. 1996, Heide, Holstein, Firma XYZ, Gage: DM 850,-

Am Tag des Auftritts fuhr ich nach Heide und traf mich mit Danny auf dem Parkplatz. Um folgendes Gespräch zu verstehen, müssen Sie wissen, dass Danny Amerikaner oder vielmehr Weltbürger ist und ein entzückendes Denglish spricht.

DANNY: Hello, hello, hello, my Freund. How are you?
ICH: Fine.
DANNY: How is life? Kids? Familie?
ICH: Thanks, Danny, very funny! (Ich verdrehe die Augen.)
DANNY: So let's rock this shit. Where is your suit?
ICH: Here I have it! (Ich deute auf meinen dunkelblauen Anzug.)
DANNY: Oh, I see, but I told you, you are the clown!
ICH: What the f***? I am no clown!
DANNY: It's like I said on the phone: I will do the magic and you are doing Luftballontiere als Clown.

ICH: Nee, Alter, you said on the phone, I have to do more the comedy ... so I brought comedy tricks with me and you are doing the real magic tricks! You never said that I have to be a clown!!! I am no clown!
DANNY: Really?! No ...?
ICH: Sure! So what are we doing now? And how long should I work? I just have 20–30 Ballons for Ballon-Modeling with me and I can only do three animals cause I never learned more. Hund, Katze, Maus, but no Elefant ... so it takes me 20 minutes to do a show ...
DANNY: But we are booked for three hours! We have to walk around and perform!
DANNY + ICH: What the f***!?

Und so geschah es, dass ich mich zum ersten und einzigen Mal als Ballons knetender Clown zum Larry machte. Ja, es gibt schon sehr bescheidene Dienstleistungskünste ... doch was tut man nicht alles für gute Freunde und noch bessere 850 Mark?

Es folgte ein Lehrstück in praktizierter Armseligkeit. Unsere Garderobe war eine Mischung aus Abstellkammer und Klo. Eingezwängt in dieses Kabuff improvisierten wir eine Art Clownkostüm, indem wir rabiat die Ärmel meines Anzugs abtrennten und ich meine grünen Privatschuhe anbehielt (die erstaunlich gut als Tollpatsch-Latschen funktionierten – ich habe sie gleich am nächsten Tag in die Altkleidersammlung gegeben). Und gerade als ich dachte, der Gipfel der Peinlichkeit wäre erreicht, zeigte uns der Marktleiter das geplante Einsatzgebiet. Wir sollten die Leute doch tatsächlich im Kassenbereich belästigen! Der Untergang! Die Sinnlosigkeit dieser Aktion sollte eigentlich jedem klar sein, und selbst die Kassiererinnen guckten uns bedauernd an. Danny tätschelte mir beruhigend die Hand, doch es kam, wie es kommen musste: Die Leute wollten – Jubiläum hin oder her – beim Tütenpacken ungern zwei Vollpfosten um sich haben, die ihnen irgendwelche Tricks (na ja, das wäre notfalls noch gegangen) oder beknackte Ballontiere aufdrängten. Gnädigerweise war im Markt wenig los, und so schaffte ich es mit meiner Handvoll Ballons, um die zwei Stunden wegzukneten. Ansonsten stand ich bejahend grinsend am Ende des Kassenbandes und war verwundert, dass die Kunden mich sehr misstrauisch betrachteten. Irgendwann ging mir auf, dass sie mich eventuell für einen Trickdieb hielten, und ab da wahrte ich respektvollen Abstand.

Der Marktleiter bemerkte schnell meinen gebremsten Arbeitseifer und sagte: »Unter einer Ballonshow, wie von Ihrem Partner Herrn Daniels beschrieben, habe ich mir eigentlich etwas anderes vorgestellt!« Ich schluckte kurz und antwortete geistesgegenwärtig: »Ja, schade ... Ich hab so eine tolle Luftballonshow mit unzähligen anderen Ballontricks für Kinder und Erwachsene ... Aber Sie sehen ja selbst, dass hier nichts los ist. Und die richtige Stimmung kommt sowieso nur mit 20 bis 30 Kindern auf.« Der Supermarkt-Chef trollte sich daraufhin tatsächlich, und ich atmete tief durch: Die Situation war gerade noch mal gerettet, und in einer knappen Stunde hatte ich auch schon Feierabend und war reich.

Da bog der Marktleiter erneut um die Ecke. »So, ich hab gerade den Kindergarten meiner Söhne angerufen, der ist gleich um die Ecke! Die kommen jetzt alle vorbei und gucken sich deine Show an!« Eine Mischung aus »Scheiße!« und »Oh mein Gott!« brauste mir durch den Kopf. Meine Antwort hingegen war: »O. K. ... äh, super ... ich bereite mich gleich mal vor!« Schnell zerrte ich Danny in die Garderobe, um die Katastrophe abzuwenden. Wir hatten noch zehn Minuten Zeit und benötigten all unser naturwissenschaftliches und tricktechnisches Wissen. Unter Druck funktioniert man oft am besten, und so fielen uns auf der Stelle fünf Ballontricks ein.

Zum Glück waren wir in einem großen Supermarkt, sodass

ich schnell die Materialien kaufen konnte. Um den Marktleiter abzulenken, musste ihm Danny nur ein Gespräch aufdrängen, während ich die folgenden Utensilien besorgte: Luftballons, einen langen Schaschlikspieß, Nadeln, Tesafilm, eine Wasserflasche, eine Kerze sowie 100 Reißzwecken. Das alles schmiss ich schnell in meinen Koffer, und die Show konnte, nein, musste starten. Konfetti in die Tasche und raus auf die Spielfläche hinter der Kasse. »In zwei Minuten geht's los!«, rief der Marktleiter uns zu, und ich präparierte schnell noch meinen ersten Effekt für den Beginn der improvisierten Show. Nur am Rande: Machen Sie die Tricks gern nach – beim nächsten Kindergeburtstag erlangen Sie damit Heldenstatus.

Die Ballonwanderung

Ich stellte mich der johlenden Rasselbande vor und bat ein Kind zu mir nach vorne: die kleine Sabrina. Dann holte ich zwei aufgeblasene Ballons aus dem Koffer und ließ sie einen davon auswählen. Sabrina entschied sich freudestrahlend für den roten Ballon. Ich gab ihr den grünen, was bei ihr einen gewissen Unmut auslöste, der in einem langen spitzen Schrei mündete. Bevor die Situation weiter eskalierte, redete ich beruhigend auf sie ein: Ich könne doch zaubern, und sie solle sich mal keine Sorgen machen, denn die Ballons würden gleich ihre Plätze tauschen. Dann gab ich ihr nach einer kleinen Sicherheitsbelehrung eine Nadel in die Hand und nahm selbst auch eine. Nun ließ ich alle Kinder laut bis drei zählen, und wir stachen mit der Nadel zeitgleich auf unseren Ballon ein. Es machte peng, und Konfetti wirbelte durch die Luft. Doch die Ballons waren nicht geplatzt! Nein, stattdessen hielt Klein-Sabrina jetzt den gewünschten roten Ballon in der Hand und ich den grünen. Der erste Trick war geglückt, und ich hatte schon mal sieben Minuten gefüllt.

Für dieses Kunststück braucht man zwei rote und zwei grüne Ballons, ein wenig Konfetti sowie Nadeln. Idealerweise sind die Ballons blickdicht, aber zumindest sollte man darauf achten, dass das Licht von vorn kommt und nicht von hinten durch die Gummihüllen leuchtet. Na, schon erraten? Klar: Ich nehme einen Ballon und fülle in diesen etwas Konfetti. Dann stecke ich einen zweiten, andersfarbigen Ballon in den ersten, blase ihn auf und verknote ihn. Anschließend puste ich den äußeren Ballon, der bereits mitgedehnt wurde, auf, leite den Knoten des inneren Ballons nach außen und verknote den äußeren Ballon. Natürlich ist der äußere Ballon etwas größer als der innere. Das fällt aber nicht auf, da es ordentlich knallt und außerdem Konfetti fliegt. Man hat also zwei gute Ablenkungsmanöver.

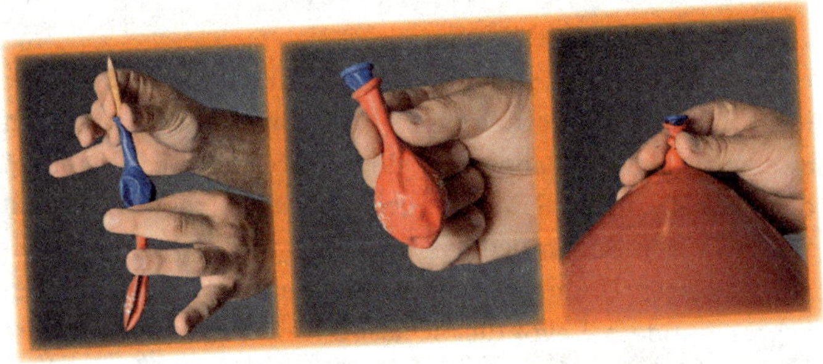

Doch weiter mit der Show – es folgte das Ballondurchstechen. Die ausführliche Beschreibung schenke ich mir, die kennt wohl jeder. Und falls nicht: Ein Ballon wird von einer Nadel oder einem Schaschlikspieß durchstochen und platzt nicht, weil zwei aufgeklebte Stückchen Tesafilm perforiert werden, die den Druck nur langsam entweichen lassen.

Mein nächster Trick hieß:

Der unzerstörbare Ballon

Großspurig kündigte ich mich als den unsterblichen Superhelden der Ballons an und fuchtelte wild und magisch über meinem Koffer herum. Ich steigerte mich derart glaubhaft in meinen eigenen Schwachsinn hinein, dass der präsentierte Ballon, der natürlich aussah wie jeder andere, einen dicken Applaus bekam. Eines der Kinder durfte ihn auf einem Kissen tragen, das ich aus einer Jacke improvisiert hatte, und der popeligen Gummiblase wurde garantiert mehr Ehrfurcht zuteil als den britischen Kronjuwelen. Um zu zeigen, dass dieser Ballon unglaublich viel härter war als andere, griff ich mir einen Vergleichsballon. Ich blies ihn auf und legte eine Reißzwecke auf den Tisch. Dann hielt ich den Ballon über die Reißzwecke und ließ ihn fallen – er platzte. Doch nun kam der Ballon der Unzerstörbarkeit an die Reihe. Um für ihn die Schwierigkeit zu erhöhen, bat ich die Kinder, alle 100 Reißzwecken aus der Packung auf der Fläche eines DIN-A4-Blattes zu platzieren. Ich nahm den Ballon und ließ ihn auf das tödliche Reißzweckenfeld fallen. Er traf auf die Spitzen, doch er zerplatzte nicht! Die Kinder durften sogar mit ihren Händen auf den Ballon drücken, aber der Ballon hielt stand! Es gab langen Applaus, ungläubiges Staunen und viele große Kulleraugen.

Was die Kindergarten-Minis nicht wissen konnten: Wie beim Nagelbrett eines Fakirs verteilt sich die Gewichtskraft, also der Druck des Gegenstandes, auf die Nägel. Je mehr Nägel, desto harmloser. Die wahre Kunst ist demnach, sich auf ein Nagelbrett mit möglichst wenigen Nägeln zu legen. Ich selbst habe einmal einen Fakir gesehen, der nur auf vier Nägeln ruhte. Das ist natürlich der Hammer. Da allerdings die wenigsten Leute diesen Fakt kennen, erstaunt auch die vielnägelige Darbietung das Publikum.

Einen letzten Trick hatte ich noch parat. Ich pustete einen weiteren Ballon auf und hielt ihn über ein brennendes Teelicht. Er platzte schnell mit einem schönen Knall. Die kleine Sabrina erschrak und warf sich schützend über ihren roten Luftballon. Dann nahm ich meinen unzerstörbaren Ballon und knotete ihn vorsichtig auf. Im Brustton der Überzeugung behauptete ich, dass er nach seiner ersten Nummer jetzt ein Getränk verdient habe, und befüllte ihn mit circa 400 Millilitern Wasser. Er sah jetzt aus wie eine typische Wasserbombe – und prompt gingen einige der Jungs in Deckung. Ich blies noch etwas Luft hinterher, verknotete den großartigen Ballon und hielt ihn über die Flamme der Kerze. Tataa! Er platzte nicht! Er hielt stand, obwohl er an der Flamme schwarz wurde.

Die Erklärung ist einfach: Ein luftgefüllter Ballon platzt und fliegt einem um die Ohren, sobald er die Flamme berührt, weil sich die Wärmeenergie komplett auf die Gummihülle überträgt. Die Luft kann die Energie nämlich nicht schnell genug aufnehmen.

Der Ballon mit dem Wasser hingegen platzt nicht, weil die Flüssigkeit die Wärmeenergie sehr schnell aufnehmen kann. Außerdem ist die Ballonhülle so dünn, dass die Hitze besonders fix durchgeleitet wird. Der schwarze Bereich entsteht übrigens durch Kerzenruß, der sich am Ballon absetzt. Kleine Empfehlung meinerseits: Vorher üben, wie lange der Ballon die Prozedur übersteht, denn irgendwann wird es auch ihm zu viel, und es bilden sich kleine Brandlöcher, aus denen Wasser herausläuft.

Wow, da hatte ich die Zeit wirklich gut totgeschlagen! Die Show war zwar nicht auf meinem normalen Niveau, aber der Geschäftsführer war zufrieden, ich hatte mein Geld verdient und außerdem noch Feierabend! Dass einige der Jungs hinterher noch ein paar Wasserbomben in den Laden warfen, war schließlich nicht meine Schuld.

So kann man selbst mit kleinen Dingen die Kinder in Verzückung bringen: ein wenig Grundwissen, viel Phantasie und immer die richtigen Utensilien im Haus haben.

KONRADS FAMOSE HAUSHALTTIPPS

KLEINES WASCHBECKEN, GROSSER EIMER, SCHLAUES KEHRBLECH

Das Auto will gewaschen oder der Boden gewischt werden, und dafür muss das Wasser aus dem Wasserhahn in den Eimer. Kein Problem, wäre nicht das Waschbecken zu klein für den Eimer. Was tun? Den Raum komplett unter Wasser setzen? Heulen? Den Sanitärausstatter verwünschen? Kann man machen, bringt aber nix.

Wir greifen uns lieber ein Kehrblech (natürlich ein sauberes) und benutzen es als eine Art Trichter bzw. als Wasserrutsche. Einfach das Wasser auf die Schaufel fließen lassen und mit dem Griff eine Etage tiefer in den Eimer leiten. Simpler und eleganter geht es nun wirklich nicht! Kleiner technischer Hinweis zum Schluss: Der Griff muss natürlich eine hohle oder halb offene Form haben, aber bei den meisten Kehrblechen passt das schon. Diesen Trick wende ich schon seit vielen Jahren an. Irgendwann wurde mir erzählt, dass zu einem Kehrblech auch ein Handfeger gehört und dass man damit sogar fegen kann. Auch Männer können immer noch was dazulernen.

EXPERIMENT
DIE KERZENWIPPE

Schon als kleiner Knirps war ich ein echter Siegertyp – besonders auf der Wippe. Jedes Nachbarskind, das leichtsinnigerweise mit mir wippen wollte, hing sofort in der Luft, und ich hätte es ohne Probleme dort oben verhungern lassen können. Natürlich bekam ich nach kurzer Zeit selber Appetit und musste schnell nach Hause, um mir noch mehr Reserven fürs Leben anzufuttern. Zum Abschied sagte ich immer: »Hättste dich halt schwer gemacht!« Auch dicke Kinder können grausam sein.

Physikalisch gesehen, habe ich damals vom Hebelgesetz profitiert, und für Chancengleichheit hätte mein Mitwipper auf einem längeren Hebel sitzen müssen. Wie die eine Seite die andere beeinflusst, zeigt das folgende Experiment auf besonders hübsche Art.

Sie nehmen eine gewöhnliche Kerze und beschneiden ihre Unterseite so, dass beide Enden etwa identisch sind, der Docht also auf beiden Seiten herausguckt. Danach erhitzen Sie über einer zweiten Kerze eine Stricknadel oder einen Schaschlikspieß und stecken das Ding möglichst genau in der Mitte durch die Kerze. Anschließend stellen Sie zwei gleich hohe Gläser auf eine nicht brennbare Unterlage. Legen Sie das gesamte Gebilde auf die Gläser, sodass die Kerze frei schwingen kann. Sie darf ru-

hig ein wenig schräg hängen, wenn Sie nicht genau die Mitte durchbohrt hatten.

Entzünden Sie die Kerze auf beiden Seiten, und fangen Sie schon mal an, sich zu freuen. Sobald ein Tropfen Wachs herabfällt, verliert die Kerze ihre Ausgewogenheit, und die nun schwerere Gegenseite neigt sich nach unten. Das ist perfekt, denn die untere Flamme brennt jetzt schräg nach oben und bringt besonders viel Wachs zum Schmelzen. Diese Seite verliert also den nächsten Tropfen, wird leichter und steigt ihrerseits in die Höhe.

Es kann ein wenig dauern, bis es zu der feinen Reaktion kommt – doch schon nach 50 Sekunden schaukelt die Kerze hin und her wie Sie zu Ihren besten Zeiten auf der Kinderwippe (mit gleichschwerem Kind auf der Gegenseite).

Irgendwie muss ich gerade an den Yo-Yo-Effekt denken. Dabei kenne ich den nur vom Hörensagen, denn für das gewichtsmäßige Auf und Ab hätte ich ja Diäten machen müssen. Und da regt mich allein schon der Gedanke auf.

ERSTUNKEN UND ERLOGEN
DIE ERSCHEINUNGEN VON HANNOVERSCH MÜNDEN

Es ist passiert. Mein naturwissenschaftlicher Verstand wird auf eine harte Probe gestellt. Denn eigentlich gehe ich davon aus, dass alles eine logische Ursache hat. Schon als Kleinstkind wusste ich, dass Keksdosen nicht einfach verschwinden, sondern nur von mir gefunden werden wollen. Doch nun wurden Ereignisse bekannt, die jeden Forscher ratlos machen. Es geht um unerklärliche Erscheinungen, die eine Stadt in Angst versetzen – Hannoversch Münden.

NOCH EIN RÄTSEL: EIMER UND SCHÄUFELCHEN SIND DA – ABER WO IST DAS GROSSE FÖRMCHEN?

Alles begann mit dem kleinen Tobias, dem im Sandkasten das »Große Förmchen« erschien. Laut Zeugenaussage der fünfjährigen Jessica sei dabei »sein Eimerchen ganz doll in die Luft geflogen« und das Schäufelchen habe plötzlich die »gleiche Farbe gehabt wie das T-Shirt, das Justin Bieber beim letzten Konzert anhatte«. Nur ein Zufall?

Kurz danach: der Fall Ella Mühlheimer. Ihr erschienen an der Decke der holzvertäfelten Hausbar die Wochenangebote des örtlichen Supermarkts. Wohlgemerkt: einen Tag vor Erscheinen der Angebotsblättchen, sodass sie in aller Ruhe die besten Schnäppchen abgreifen konnte. Als Echtheitsbeweis dient Experten die Vision »Das Penny-

Angebot der Woche: 1 Kilo Dicke Rippe jetzt nur € 2,79«, die per Spezialcomputer mit einem Kassenbon abgeglichen werden konnte. Eine Botschaft von außerhalb?

Besonders unheimlich ist die Vision Fritz Kusankes, dem zweimal wöchentlich der Seewetterbericht für die holländische Nordseeküste erscheint. Interessanterweise wird die Vorhersage von Heineken-Bier und Pikantje-Gouda gesponsert. Auch andere Visionen wurden bereits von Werbepausen unterbrochen – ein Novum in der Geschichte der Erscheinungen. Gibt es eine Erklärung?

HÖHERE WESEN BEFAHLEN: DICKE RIPPE MIT KNOCHEN SCHMOREN!

Wegen der hohen Visionen-Dichte über der Stadt erwägt das Bundesluftfahrtamt, den Luftverkehr über Hannoversch Münden umzuleiten. Auslöser war eine Germanwings-Maschine, die beinahe mit einer massiven Herz-Jesu-Erscheinung kollidiert wäre. Ein paranormales Phänomen?

Folgender Vorfall blieb unbestätigt: Ein katholischer ICE-Zugführer hatte bei Tempo 250 die Erscheinung eines Gleisarbeiters in grell leuchtender Warnweste. Sie verschwand jedoch schnell unter dem Zug.

Angeblich rauchten schon die Steinzeitmenschen pulverisierten Mammutkot, um rituelle Büffelvisionen heraufzubeschwören. Ich finde, dass wir solchen Schnickschnack heutzutage nicht mehr brauchen. Bereits das Betrachten einer *Germany's-Next-Topmodel*-Folge reicht, um uns aus der Welt der Vernunft zu reißen.

EXPERIMENT
WARUM EIGENTLICH ZÄHNE PUTZEN?

Wer morgens nach einer durchzechten Nacht das Gefühl hat, in seinem Mund ein pelziges Kleintier zu beherbergen, greift gerne zur Zahnbürste. Aber nicht nur geruchsempfindliche Mitmenschen sind froh, wenn wir eine Fluor-Zahnpasta benutzen – auch unsere Zähne freuen sich, und zwar auf der mikrochemischen Ebene. Das ist nicht oberlehrerhaft gemeint, sondern führt uns natürlich wieder zu einem schönen Experiment. Es bezieht sich direkt auf den Trick »Ein Rosenblatt wird zum Ei« von Kapitel 74, die Hauptrolle spielt demnach bereits hier ein Hühnerei. (Danke, liebe Hennen, eure Anstrengung hat sich gelohnt!)

Heutzutage enthalten praktisch alle Pasten Fluor, weil das die Zähne härter machen soll. Wer eine fluorfreie Paste benutzt, sollte zumindest alle paar Tage umsteigen. Ist dieser Ratschlag also berechtigt? Finden wir es heraus.

Nehmen Sie ein rohes Ei und bestreichen Sie die eine Hälfte mit der Fluor-Zahnpasta; die andere Hälfte bleibt so, wie sie ist. Dann füllen Sie ein Glas mit Salpetersäure (wenn's mal wieder schnell gehen muss), oder Sie verwenden einen Haushalts-Essigreiniger. Nun kommt das Ei in die Säure. Bei der Salpetersäure müssen Sie je nach Konzentration nur drei bis fünf Minuten warten, der Essigreiniger strapaziert Ihre Geduld mit drei bis fünf Stunden. Das Ei sollte sich komplett in

der Säure befinden, also beschweren Sie es mit einem kleineren Glas. Und schon tut sich was:

An einer Eierhälfte steigen kleine Bläschen auf.

Nach der angegebenen Zeit befreien Sie das Ei aus seinem Säurebad. Tragen Sie dabei Sicherheitshandschuhe, und seien Sie vorsichtig! (Jetzt, wo ich drüber nachdenke, sage ich: Sparen Sie sich die Salpetersäure, und nehmen Sie gleich den Essigreiniger.) Wenn das Ei vor Ihnen auf einem alten Teller liegt, können Sie es eingehend studieren: Die unbestrichene Schalenhälfte hat sich aufgelöst, und schon ein kleiner Pieks mit einem spitzen Gegenstand durch die Eierhaut lässt das Innere des Eis ausfließen. Dagegen ist die fluorbehandelte Seite vollkommen intakt.

Doch was hat das mit unseren Zähnen zu tun? Ziemlich viel, denn die Eierschale besteht überwiegend aus den gleichen Bestandteilen wie unsere Zähne, nämlich aus den Mineralien Calciumcarbonat und Apatit. Und auch die Verwendung der Säure ist realistisch, denn die Kariesbakterien im Mund verwandeln Zucker in Milch-, Zitronen- oder Gluconsäure. Die sind zwar nicht ganz so kräftig wie Salpetersäure oder Essigreiniger, aber wir wollen schließlich nicht fünf Jahre auf das Ergebnis warten, oder?! Jedenfalls werden die Mineralien von der Säure angegriffen.

Und jetzt kommt die Zahnpasta ins Spiel: Das Apatit in

Zahn bzw. Eierschale tauscht seinen Sauerstoff- und Wasserstoff gegen das Fluor aus und wird damit zum säurebeständigen Fluorapatit. Währenddessen fliegt aus dem Calciumcarbonat das Carbonat raus, und der Rest wird zu hammerhartem Calciumfluorid. Somit ist bewiesen: Eine Fluor-Zahncreme schützt wirklich die Zähne, denn es macht sie härter und säurefester. Also immer fleißig putzen!

Um das Thema Fluor ranken sich interessante Verschwörungstheorien. Es gibt Menschen, die glauben, Natriumfluorid lähme den Willen des Menschen und mache ihn für finstere Ziele manipulierbar. Einige sehen sogar dunkle Priester am Werk, die Menschen mit fluoridiertem Trinkwasser in biologische Roboter verwandeln. Wer's glaubt ... Oh, ich bekomme gerade den Befehl einer höheren Macht, er lautet: »Zähne putzen, aber gründlich!«

WISSENSCHAFT ALS ZAUBERTRICK

DER VERSCHWINDENDE ZAUBERSTAB

Ich weiß noch, wie viel Mist ich mit 14 gebaut habe. Mein Onkel Hans fragt sich bis heute, wer seine kleine Marmorstatue aus dem Griechenlandurlaub mit Salzsäure verunstaltet hat. Als mir Lukas, der jetzt ebenfalls 14-jährige Sohn eines Freundes, neulich im Vertrauen ein Geständnis machte, war ich also sehr verständnisvoll und diskret (Du siehst, ich habe sogar Deinen Namen geändert, lieber Jonas).

Lukas wollte eine Karriere als Graffitisprayer starten, traute sich aber nicht, Häuserwände oder Bahnwaggons zu bemalen. Bei seinem ersten Werk wollte er lieber in Ruhe mit den Spraydosen herumprobieren und bloß keinen Schaden anrichten. Also schlich er sich abends auf eine Baustelle und nahm sich die Styropor-Dämmplatten an den Wänden vor, die ja ohnehin bald verputzt werden würden. Der angerichtete Schaden war trotzdem beträchtlich, denn das Styropor wurde vom Lösungsmittel der Farbe angegriffen und lief großflächig als bunte Pampe auf den Boden. Lukas war die Sache mit den zerstörten Platten äußerst peinlich. Noch schlimmer war für ihn allerdings, dass sein cooler Comic-Character jetzt aussah wie Hello Kitty auf LSD.

Lukas hat daraus gelernt, dass man jeden Effekt vorher sehr gründlich testen sollte. Und wir haben das Basiswissen des nächsten Zaubertricks gelernt: Styropor löst sich in Lösungsmitteln auf, zumindest in manchen.

Der Trick, der eigentlich keiner ist

Die meisten Verschwinde-Zauber funktionieren dadurch, dass ein Gegenstand, von Ablenkungsmanövern getarnt, den Ort wechselt. Wir jedoch bringen einen Zauberstab tatsächlich zum Verschwinden!

Sie kaufen im Bastelladen

- einen dünnen runden Styroporstab von einem oder sogar zwei Metern Länge und
- dünnes schwarzes Seidenpapier. Außerdem brauchen Sie
- Aceton aus der Apotheke sowie
- einen Kasten oder ein Köfferchen und
- eine Glasschale.

Den Stab bekleben Sie von außen mit dem Seidenpapier und lassen die Enden herausgucken – wie bei einem Zauberstab eben. Das Seidenpapier sollten Sie von außen festkleben (Papier auf Papier), denn Klebstoff enthält oftmals Aceton – und Sie wollen ja nicht, dass der Stab schon vorher verschwindet oder Macken bekommt. Als Vorbereitung füllen Sie das Aceton in die Schale und stellen diese in den Kasten.

Unter großem Brimborium öffnen Sie während Ihrer glanzvollen Präsentation den Kasten, halten den langen Stab senkrecht und lassen ihn in Zeitlupe im Kasten verschwinden – die ganzen ein bis zwei Meter. Ja, der Stab ist tatsächlich weg! Er hat sich zwar nicht in Luft aufgelöst, aber dafür in Aceton, weil Sie ihn in die Schale gesteckt haben. Das Styropor verflüssigt sich so schnell, dass Sie den Stab einigermaßen zügig mit einer fließenden Bewegung nachschieben können. Falls Sie es lieber klassisch mögen, stellen Sie die Schale in einen schwarzen Zylinder, und lassen Sie den Stab im Hut verschwinden.

HIER ZEIGE ICH NUR DAS PRINZIP. SIE MÜSSEN ES NATÜRLICH HÜBSCH MACHE

Der Umwelt zuliebe sollten Sie diesen Experimentaltrick nicht zu oft vorführen. Denn Styropor ist Segen und Fluch zugleich! Auch Aceton gehört zu den Sonderabfällen und muss ordentlich entsorgt werden. In jedem Bundesland gibt es dafür verschiedene Annahmestellen, Infos bekommen Sie unter *www.abfälle.de*.

Falls Sie diesen Aufwand nicht betreiben möchten, können Sie zum Spaß mal ein wenig Styropor in Nagellackentferner auflösen, denn in dem steckt ebenfalls Aceton. Früher war das Zeug sogar im Haarspray! Um kurz ein wenig Panik zu verbreiten, möchte ich noch erwähnen, dass Aceton die Augen und die oberen Atemwege reizt sowie eine narkotische Störung des Nervensystems hervorrufen kann. Als Inhaltsstoff in Klebstoffen hat es Aceton zur Schnüffeldroge Nummer eins gebracht und ist für viele Nieren- und Leberschäden verantwortlich. Ich sag's mal so: Frische Luft ist gesünder. Folgendes noch: Bitte nicht wundern, wenn das Aceton durch das gelöste Styropor hart wird. Und man sollte den Stoff von Feuer fernhalten! Andererseits ist er auch nicht so gefährlich, dass man ihn in Gorleben zwischenlagern müsste.

Lukas will inzwischen übrigens kein Graffitikünstler mehr werden. Er hat das weibliche Geschlecht entdeckt und investiert jetzt alle Energie in dieser Richtung. Ob das weniger Stress bedeutet? Ich bin mir nicht sicher.

EXPERIMENT
DAS EI DER VERSÖHNUNG

Was war eigentlich zuerst da: der Zaubertrick oder das Ei? Für mich jedenfalls sind Eier die Allzweckwaffe der Illusionskunst, und an verschiedenen Stellen dieses Buches zeige ich, dass man mit ihnen auch exzellent experimentieren kann.

Hier darf sich das Ei endlich von seiner emotionalen Seite zeigen. Mal angenommen, Sie haben sich wieder einen großen Fauxpas erlaubt, sind viel zu spät und über Umwege von der Arbeit nach Hause gekommen oder haben mit Freunden oder Freundinnen am Vorabend dezent übertrieben – hier wartet eine schnuckelige kleine Versöhnungsidee.

Knicken Sie ein etwa sechs mal zehn Zentimeter großes Stück glatter Pappe zu einem V. Platzieren Sie ein hart gekochtes, geschältes, noch warmes Ei auf dieser Pappe und somit in den Knick. Dann nehmen Sie ein Essstäbchen vom Chinamann um die Ecke zur Hand.

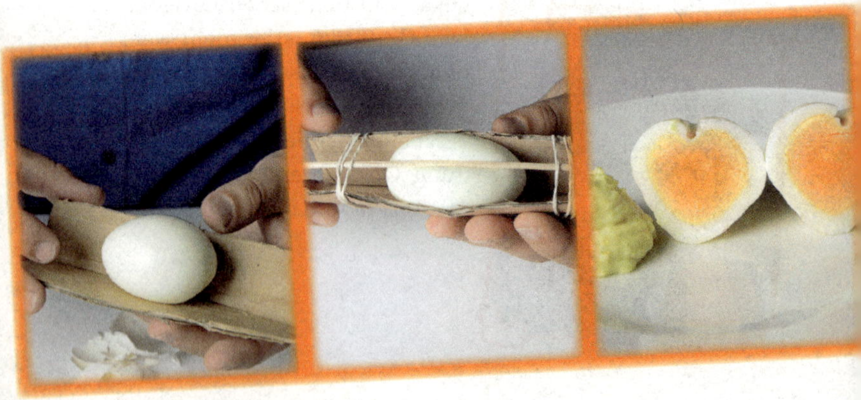

Legen Sie das Essstäbchen auf das Ei und üben Sie Druck darauf aus, indem Sie zwei Gummibänder an den Enden um das Ganze wickeln. Üben Sie sich anschließend in 20 bis 30 Minuten Geduld. Danach können Sie die Konstruktion entfernen und haben ein V-Ei mit einer Kerbe vom Essstäbchen. Voilà: ein Herz! Beziehungsweise zwei, wenn Sie das Ei halbieren und auf einem Teller platzieren.

Achtung: Das Ei unbedingt quer halbieren und keinesfalls ein »Broken-Heart«-Symbol produzieren – sonst steht gleich der nächste Stunk ins Haus.

SELTSAME ERFINDUNGEN
DER BABYWISCHMOPP

Haben Sie Kinder? Gut. Lieben Sie Ihre Kinder? Selbstverständlich, das hat die Natur schon hübsch eingerichtet, da können Sie gar nichts gegen tun. Ertappen Sie sich trotzdem manchmal, wirklich nur manchmal, bei dem Gedanken, dass Ihr Nachwuchs in den ersten Lebensjahren vielleicht ein klein wenig, äh, nutzlos ist? Besonders im Haushalt? Mein Gott, sind Sie kaltherzig – doch selbst das ist normal und natürlich. Ist ja auch wahr: Die laufunfähigen kleinen Racker haben meist nichts Besseres zu tun, als über den frisch gebohnerten Boden zu krabbeln und mit ihren Patschehändchen Brei-, Sabber- und sonstige Schmierflecken zu fabrizieren. Das haben wir gern: erst Dreck machen, dann beim Putzen kneifen und zum Schluss noch einen unschuldigen Blick mit großen Kulleräuglein aufsetzen. Aber damit ist jetzt Schluss, denn ich präsentiere weltexklusiv eine epochale Erfindung, die wieder Disziplin und Sauberkeit in Ihre Bude bringt: den Babywischmopp.

Der Mopp ist eine Art Strampelanzug, der an den richtigen Stellen Putzfransen aufweist. Während der Minimensch also über das Parkett wuselt, werden die Dielen automatisch gewischt und poliert. Der kleine Putzmeister darf dann unter fröhlichem Juchzen die entferntesten Zimmerecken erkunden, und Sie freuen sich über die Unterstützung im Haushalt. Das Baby ist glücklich, Sie müssen weniger putzen und machen dem süßen Würmchen keine stillen Vorwürfe mehr. Bravo!

Ich konnte es nicht lassen und habe aus dem Baby-Wischmopp einen Maxi-Waschmopp gemacht. Autopflege kann auch erotisch sein!

EXPERIMENT
DIE PHARAOSCHLANGE ODER: ERINNERUNGEN AN SILVESTER

Als Kind war ich ein echter Knallteufel, und zu Silvester hätte ich die Chinabölller am liebsten in der guten Stube gezündet. Wenigstens gab es für Innenräume einen schönen Ersatz: die »Pharaoschlange«, ein kleiner schwarzer Zylinder zum Anzünden, aus dem dann eine schwarze Masse heraustrat. Wir nannten das Ding immer »Kackwurstzylinder«, aber das nur nebenbei. Meine Eltern wunderten sich, woher wir solche Wörter kannten, auch das nur nebenbei. Das Wort hatte ich natürlich von meinem Kumpel Olli, ich hatte es gegen »Pimmelkopf« getauscht. Das ebenfalls nur nebenbei.

Jene Zylinder – auch Sie werden sie noch kennen – habe ich lange nicht mehr im Handel gesehen, doch kein Problem, wir bauen sie einfach nach. Für dieses chemische Partyexperiment brauchen wir

- Emser Pastillen, allerdings ohne Menthol, denn wir brauchen Zucker (also greifen Sie logischerweise nicht zur neumodischen zuckerfreien Variante)
- etwas Brennspiritus sowie
- etwas Holzasche aus dem Ofen oder dem Kamin.
- Außerdem wird eine feuerfeste Unterlage benötigt, zum Beispiel Aluminiumfolie und auch
- ein Feuerzeug.

Zuerst reiben Sie fünf bis sieben Emser Pastillen mit Holzasche ein und stapeln sie auf die feuerfeste Unterlage. Den

Rest der Asche drapieren Sie als kleinen Haufen um die Pastillen. Nun das Ganze mit einer Verschlusskappe Spiritus beträufeln und anzünden. Die Tabletten fangen an zu brennen, blähen sich auf, und aus ihnen wächst eine lange schwarze Schlange. Aufgepasst, zum Entfachen des Feuers nicht pusten, denn das beschleunigt den Prozess kein Stück.

Was ist passiert?

Emser Pastillen bestehen aus Zucker und Salzen (ähnlich dem Backpulver). Der Zucker verbrennt, wobei ihm die Asche als Katalysator hilft. Die Salze zersetzen sich durch die Hitze und bilden dabei Kohlendioxid. Das Gas bläht die Reste des verbrannten Zuckers auf, die dann zu einem festen Schaum auskühlen.

Wenn Sie übrigens nicht wissen, wo man Emser Pastillen herbekommt: Die gibt's in jeder Apotheke gegen Halsprobleme. Und falls Sie nicht wissen, wie ein schlechter Arztwitz geht, dann einfach weiterlesen.

Kommt ein Mann zum Arzt und beklagt sich über seinen schlimmen Husten. Er habe schon alles probiert, was Drogerien und Apotheken hergäben, bisher habe nichts genutzt. Der Arzt verschreibt ihm ein starkes Abführmittel und bittet den Mann, am nächsten Tag wiederzukommen.

Am nächsten Tag fragt ihn der Arzt: »Na, haben Sie noch Ihren Husten?«

Darauf der Mann: »Den hab ich schon noch, aber ich trau mich nicht mehr!«

Wo ich so drüber nachdenke, finde ich den Witz gar nicht mehr so übel …

In der Zwischenzeit habe ich auch herausgefunden, warum die Zylinder-Dinger vom Markt verschwanden: Sie enthielten Quecksilber(II)-thiocyanat und pusteten giftige Dämpfe in die Wohnzimmerluft. Ich hoffe, dass ich nicht zu viel davon auf Lunge genommen habe. Und damals benutzte ich zusätzlich noch Fichtennadelschaumbad und Creme 21 mit krebserregendem Formaldehyd. Irgendwie macht mich das jetzt nervös …

ERSTUNKEN UND ERLOGEN
LEGTEN UNSERE VORFAHREN EIER?

Möglicherweise ist die Evolution auf dem Weg der Menschwerdung scharf rechts abgebogen. Eine sensationelle neue Theorie behauptet, dass sich der Homo sapiens in seinen Anfängen ganz anders fortpflanzte, als bisher gedacht.

Kernaussage der Forscher: Früher haben die Frauen Eier gelegt. Ob die Menschenweibchen sie in Nester legten oder in einer Bauchfalte ausbrüteten, muss noch erforscht werden. Momentan spricht alles für die Freilandhaltung.

DER KLEINE THORBEN KURZ VOR SEINER EINSCHULUNG IN DIE INTEGRIERTE GESAMTHÖHLE

Umwelteinflüsse brachten die dramatische Wende: Durch den aufkommenden sauren Regen lösten sich die Schalen auf, sodass die Babys fortan ohne schützende Hülle zur Welt kamen. Weil die Mini-Menschenküken sehr wartungs- und pflegeintensiv waren, verlegte die Natur die ersten Monate der Entwicklung ins Körperinnere.

Vielleicht, so die Wissenschaftler, ist die Entwicklung noch nicht abgeschlossen. Es könnte sein, dass sich durch den steigenden Verzehr von mit Calcium angereicherten Joghurts wieder eine Kalkschale bildet und der Trend erneut zum Ei geht.

Also, ich weiß nicht … Wie soll denn die Zukunft aussehen? Gibt es Omelette, wenn zwei Mütter mit ihren Kinderwagen zusammenstoßen? Das ist zum Glück nur eine Theorie. Eier sollten hübsch da bleiben, wo sie hingehören: in die Buchkapitel »Experimente« und »Wissenschaft als Zaubertrick«.

SELTSAME ERFINDUNGEN
DAS SCHLACHTER-YO-YO

Aufgrund meiner unglaublichen Selbstlosigkeit und Großzügigkeit habe ich mir ein wundervolles Sportgerät für meinen Freund und Showkollegen Dennis »The Hand« Schleussner ausgedacht. Dennis ist Yo-Yo-Profi mit diversen Weltmeistertiteln, *Wetten, dass ...?!*-Wettkönig und von diversen TV-Auftritten bekannt. Der Geistesblitz kam mir bei meiner Lieblingsbeschäftigung: Fernsehglotzen.

Eines Abends saß ich auf der Couch und schaute mir einen guten alten Filmklassiker an: *James Bond – Goldfinger*. Dort hat Oddjob eine Bumerangmelone (Kopfbedeckung, nicht Frucht) konstruiert, deren Krempe so scharf ist, dass sie einem Gegner einen ausgesprochen unschönen Tod bereit, bevor der Hut wieder zum Werfer zurückfliegt. Ein schöner Filmtrick – allerdings ist es unmöglich, eine Melone so zu formen, dass sie wieder zum Werfer zurückkehrt. Mag sein, dass man die Frucht aerodynamisch zurechtschnitzen und mit Stahlkanten versehen kann, aber das ist mir nicht überliefert.

Ein Yo-Yo dagegen kommt stets zurück, und schon war die Idee für das Schlachter-Yo-Yo geboren. Begeistert berichtete ich Dennis, dass ich eine spektakuläre Nummer speziell für ihn entwickelt hätte. Um ehrlich zu sein, trieb mich nur meine Neugierde, und ich war zu feige, das Ding selber auszuprobieren. Ich nahm also ein Yo-Yo und kaufte im Baumarkt zwei Kreissägeblätter mit einem Durchmesser von 8 Zentimetern. Zusätzlich brauchte ich eine etwas längere Schraube, um die Achse des Yo-Yos zu verlängern. Dann galt es, die Kreissä-

DENNIS SCHLEUSSNER, YO-YO-KING

geblätter zu montieren, und fertig war das gemeingefährliche Gerät! Na ja, das Wichtigste fehlte natürlich noch: ein Fleischerhandschuh aus Stahlkettennetz.

Ohne den Handschuh wäre mein Kumpel schnell berufsunfähig geworden, denn dieses massive Spezial-Yo-Yo full speed zu fangen würde massiven Schaden an der Hand anrichten. Ich weiß, wovon ich rede, denn schließlich fand ich doch noch den Mut, das Teil auszuprobieren, um die Leistung der Sägeblätter zu testen. Genauer gesagt, hatte ich einen Bleistift im Mund, den Dennis per Schlachter-Gerät zersägen sollte. Leider erlebten wir einen Vorführeffekt der unangenehmen Sorte: Dennis, der sonst das Zielwasser gepachtet hat, verwarf sich nicht unwesentlich und sägte mir mit Wucht in die Nase (und das vor einem wichtigen TV-Auftritt). Wieso hatte ich ihn nicht vorher mit einem Apfel auf dem Boden üben lassen?! Keine Ahnung, doch zum Glück ist die Nase jetzt wieder heil.

Ich weiß auch nicht, was mich zu solch gefährlichen Spielereien treibt … Sollen sich doch die Psychologen damit beschäftigen. Aber ganz ehrlich: Manchmal habe ich vor mir selber Angst.

EXPERIMENT
BERNOULLI, DER SCHNULLI ODER: VIEL WIND UM NICHTS

Der Feind in meinem Haus heißt Duschvorhang. Ich erwähnte es bereits. Ehrlich, ich hasse ihn, da kann er noch so fröhlich geblümt tun. Er will mich in den Wahnsinn treiben! Sein ganzer Lebenszweck besteht darin, sich kalt, nass und großflächig an meinen Luxuskörper zu kleben, sobald ich morgens die Dusche aufdrehe. »Na gut, wenn du Krieg haben willst, dann kriegst du Krieg«, denke ich dann, wässere ihn am Wannenrand fest und schenke ihm meinen gefürchteten bösen Blick. Manchmal jedoch zeige ich eine offene Flanke, weil ich das volle Flusensieb nicht mit dem großen Zeh vom Abfluss gekickt bekomme und mich bücken muss. Darauf hat er natürlich nur gewartet und startet – Thllrrrp! – die nächste klebrig-kalte Attacke. Lange Zeit hatte ich den Vorhang für heimtückisch gehalten, aber nun weiß ich, dass nicht er die Schuld trägt, sondern Herr Bernoulli. Oder besser gesagt, der von ihm erforschte Effekt.

Daniel Bernoulli, ein Spross der Schweizer Gelehrtenfamilie, war Mathematiker und Physiker. Herr Bernoulli, den ich mir nur mit der albernen Eselsbrücke »Schnulli Bernoulli« merken kann, ist von überragender Bedeutung in der Aerodynamik. Er entdeckte die Beziehung zwischen Fließgeschwindigkeit und Druck und fand heraus, dass in einem strömenden Fluid

(Gas, Luft oder Flüssigkeit) ein Geschwindigkeitsanstieg von einem Druckabfall begleitet wird. So weit die Theorie.

Doch was hat Herr Bernoulli an meinem Duschvorhang zu schaffen?

Wenn das Wasser aus der Brause fließt, wird die Luft von den Tropfen mitgerissen und auf Tempo gebracht. Die beschleunigte Luft hat stets einen niedrigeren Druck als die stehende Luft drum herum, und der Normaldruck außen drückt den Duschvorhang auf den Körper zu.

Keine Ahnung von Tüten und Blasen

Freundlicherweise hilft Herr Bernoulli auch bei der Abfallbeseitigung. Profis fummeln nicht lange eine neue Mülltüte auseinander und ärgern sich, dass sie durch ihre statische Aufladung wieder mal beknackt aneinander festbackt. Nein, Profis pusten aus circa 30 bis 40 Zentimeter Entfernung in die Tüte, wobei sie sich blitzartig aufbläst. Auch das ist der Bernoulli-Effekt, denn durch den Unterdruck im Luftstrom wird besonders viel Umgebungsluft mitgerissen.

Auf der Bühne demonstriere ich diesen Effekt mit einer zwei Meter langen Tüte und mache einen Wettstreit mit einem Zuschauer. Wer die Tüte als Erster aufgeblasen bekommt, gewinnt ein Abendessen für zwei Personen (also eine Dose Ravioli, sogar die guten von Maggi). Damit der Zuschauer nicht auf die Idee kommt, in die offene Tüte zu blasen, halte ich die Öffnung der Tüte mit meiner Hand zusammen und suggeriere, dass sie mit dem Mund aufgeblasen wird. Dann gebe ich ihm einen gewissen Vorsprung und warte, bis er die Tüte fast komplett voll hat. Kurz bevor er sich an den Lippen eine Blase pustet, puste ich aus 40 Zentimetern Entfernung einmal kräftig in Richtung der aufgehaltenen Tütenöffnung. Die Tüte füllt sich innerhalb von einer Sekunde mit Luft, und ich habe die Wette gewonnen. Sie können natürlich auch gewinnen – auf der nächsten Party.

Hier zieht's, aber kräftig!

Den Strömungseffekt kann man für weitere schöne Experimente nutzen. Probieren Sie doch mal, einen Tischtennisball auf die Strömung Ihres Föns zu legen. Wie Sie jetzt wissen, hat beschleunigte Luft einen niedrigeren Luftdruck als die Luft drum herum, deshalb bleibt der Tischtennisball auf dem Strom liegen. Die Außenluft hat einen höheren Druck und hält den Tischtennisball im Luftstrom des Fönes.

Wenn Sie sich den Fön sparen wollen, können Sie den Pingpongball stattdessen mit einem Strohhalm in der Schwebe halten. Einfach auf den Rücken legen, und los geht's.

Als professioneller Show-Konrad verwende ich natürlich die Deluxe-Variante mit einem Laubbläser und einem Wasser-

ball. Im sommerlichen Garten ist das ein Spaß für die ganze Familie, denn es ist wirklich erstaunlich, wie der hohe Luftdruck den Ball im Strom der beschleunigten Luft hält. Der Wasserball lässt sich sogar aus der Luft in eine Kinderhand steuern, da man die Horizontale auch verlassen kann, der Ball hält sich nämlich oft sogar noch bei 50 bis 70 Grad Abweichung. Wollten Sie Ihrem Nachbarn nicht schon immer mal mit Laubbläser auf die Nerven gehen?

Hier zwei weitere schöne Versuche, die den Bernoulli-Effekt demonstrieren. Für den ersten stellen Sie zwei Cola-Dosen vor sich auf den Tisch. Diese sollten einen ungefähren Abstand von ein bis zwei Zentimetern haben. Dann nehmen Sie einen Strohhalm und pusten aus circa fünf bis zehn Zentimetern Entfernung zwischen den Dosen hindurch. Was passiert? Die Dosen bewegen sich aufeinander zu und prallen zusammen. Stößchen!

Für den letzten Effekt – und simpler geht es kaum noch – nehmen Sie zwei Streifen Papier zur Hand. Diese halten Sie zwischen Daumen und Zeigefinger nach unten in Richtung Boden und pusten dazwischen. Siehe da, die Blätter bewegen sich aufeinander zu!

War da jetzt eine Lösung für mein Duschvorhang-Problem dabei? Pustekuchen! Natürlich könnte ich außerhalb des Vorhangs einen Fön installieren, der nach unten bläst und so die

Reaktion auf der anderen Seite ausgleicht. Allerdings würde ich dann schnell die Gesetze der Leitungsfähigkeit des Stromes in Verbindung mit Wasser kennenlernen. Einfach eine feste Duschkabine einbauen, sagen Sie? Hier geht's ums Prinzip, sage ich!

KONRADS FAMOSE HAUSHALTTIPPS
LADEGERÄT VERGESSEN?

Die Grundidee meiner Haushaltstipps ist, Probleme mit simplen Mitteln und völlig analog zu lösen. Darum fällt mir das folgende Geständnis besonders schwer: Auch ich vertraue mein halbes Leben der Mikroelektronik an. Ohne mein Smartphone wäre ich innerhalb von Sekunden aufgeschmissen, denn meine Adress- und Terminverwaltung würde im absoluten Chaos versinken. Darüber hinaus bin ich bekennender und therapieresistenter MP3-Junkie. Da es außer mir noch Millionen Betroffene gibt, hier nun der folgende Haushaltstipp, der gar nicht für zu Hause, sondern für die Reise gedacht ist.

Die Katastrophe kündigt sich an

Man hat gerade sein Hotelzimmer oder die Ferienwohnung bezogen, packt den Koffer aus und bemerkt, dass man das Ladegerät fürs Handy (oder ein anderes Elektronikspielzeug) vergessen hat. Der Blutdruck schnellt in die Höhe, denn es dauert nur noch wenige Stunden, maximal einen Tag, bis der Akku leer ist und die Welt untergeht.

Die Hoffnung wächst

Die Industrie hat ein wenig mitgedacht und vielen Geräten eine USB-Ladefunktion spendiert. Ob das auch beim eigenen Gerät der Fall ist, lässt sich leicht herausfinden.

Die Lösung steht im Raum

Meistens verfügen die Zimmer über ein halbwegs modernes Fernsehgerät, und fast alle dieser Fernseher haben einen USB-Anschluss – mit dem man (bei eingeschaltetem TV) das Handy aufladen kann.

Fehlt nur noch ein Standard-USB-Kabel, aber das lässt sich schneller organisieren als ein spezielles Ladegerät. So werden Handy oder MP3-Player doch noch aufgeladen, und der Geschäfts- oder Urlaubstrip ist gerettet. Wer hätte gedacht, dass der Zimmerpreis die Energietankstelle beinhaltet?

Als ich 13 war, hatte ich im Familienurlaub das Ladegerät meines Gameboys vergessen. Nachdem ich den Akku leer gedaddelt hatte, konnte ich zwei ganz neue Erfahrungen machen. Erstens: Man kann sich tatsächlich mit seinen Eltern unterhalten. Und zweitens: Bewegung an der frischen Luft ist gar nicht so schlimm.

73

EXPERIMENT
UNTER DRUCK HILFT UNTERDRUCK!

Brauchen Sie dringend etwas, mit dem Sie Freunde beeindrucken oder einen zähen Abend auflockern können? Bitte schön, hier sind zwei Experimente, die mit einfachen Mitteln einen Rieseneffekt erzielen.

Das saufende Glas

Benötigt werden
- ein tiefer Teller
- eine farbige Flüssigkeit (hier nehme ich Rotwein, aber bloß keinen teuren)
- ein Teelicht
- Feuer und
- ein Glas.

Als Erstes gießen Sie den Rotwein in den Teller, 100 Milliliter sollten reichen. Dann stellen Sie das Teelicht in die Mitte des Tellers und zünden es an. Stülpen Sie jetzt das Glas über das Teelicht. Wie durch Zauberei verschwindet der Rotwein aus dem Teller und steigt hinauf ins Glas.

Spontane Erklärung: Der Sauerstoff im Glas wird durch die Kerzenflamme verbrannt, wodurch ein Unterdruck entsteht, der die Flüssigkeit hinaufsaugt. Leider falsch, da keine Materie spurlos aus dem Universum verschwindet und der Sauerstoff einfach nur Teil einer chemischen Reaktion ist.

Richtig ist, dass sich die Luft im Glas erwärmt und dabei

ausdehnt. Stülpt man das Glas langsam über die Kerze, strömt sie unsichtbar nach unten hin aus. Senkt man das Glas schnell senkrecht von oben, sieht man sogar feine Bläschen blubbern. Sobald die Flamme erlischt, kühlt die Luft ab, zieht sich wieder zusammen und erzeugt den stark saugenden Unterdruck.

Na ja, so ganz richtig ist das mit dem Saugen eigentlich auch nicht, da es der äußere Luftdruck ist, der das Wasser ins Innere presst. Und das mit der chemischen Reaktion ist ebenfalls ein wenig komplizierter ... Aber Sie wollten Ihre Gäste ja unterhalten und nicht in die Duldungsstarre dozieren.

Wie kommt das Ei in die Flasche?

Um die fabelhafte Saugwirkung zu demonstrieren, gibt es hier noch ein eindrucksvolles Beispiel. Mitwirkende sind

- ein hart gekochtes, gepelltes Ei
- ein kleines Blatt Papier und
- eine Milchflasche.

Für diesen Effekt entflammen Sie einfach ein Stückchen Papier und werfen es schnell in eine Milchflasche. Aber Vorsicht: Gut aufpassen und wirklich schnell sein! Andernfalls könnte Ihr Riechzentrum die Duftnote »angesengter Unterarm« kennenlernen. Und eine nicht brennbare Unterlage kann auch nicht schaden.

Nun setzen Sie das gepellte Ei auf die Flaschenöffnung. Wie Sie gleich sehen, wird das Ei durch den Hals auf Nimmerwiedersehen in die Flasche gesaugt. Flutsch und weg!

Natürlich können Sie diesen Trick auch mit einer Bierflasche ausprobieren. Jedoch, wie immer, auf eigene Gefahr. Vielleicht klappt es dann mit einem Wachtelei?

Ich werde es austesten. Experimentieren, bis die Schwarte kracht. STIMMUNG!

Wie mächtig so ein Vakuum sein kann, zeigte Otto von Guericke schon im Jahr 1654 mit seinen »Magdeburger Halbkugeln«. Er setzte die halbmetergroßen Schalen mit einer Dichtung zusammen, saugte die Luft aus der Kugel – und nicht mal zwei Gespanne mit je 15 Pferden schafften es, sie wieder voneinander zu trennen. Wundert mich, dass er für diesen Zauber nicht gleich von der Kirche verbrannt wurde. Er konnte wohl noch rechtzeitig erklären, dass es nur der atmosphärische Druck war, der wegen des fehlenden Gegendrucks im Kugelinneren voll zum Tragen beziehungsweise Pressen kam.

Bei allem Respekt vor Otto von Guericke – ich wollte die Druckwirkung noch eine Nummer größer demonstrieren als bei den Magdeburger Halbkugeln. Wie das Experiment der implodierenden Tonne in Kapitel 4 zeigt, hat das auch prima geklappt. Bei der Fass-Implosion in der NDR-Talkshow halfen mir zwar keine 30 Pferde, dafür aber Barbara Schöneberger. Und das ist sowieso viel besser.

WISSENSCHAFT ALS ZAUBERTRICK

EIN ROSENBLATT WIRD ZUM EI

Auch Sie können das in der Überschrift beschriebene Wunder vollbringen, denn ich verrate Ihnen gern das Geheimnis des Tricks. Der Haken an der Sache: Wie jeder andere Zauberer brauchen auch Sie eine gewisse Leidensfähigkeit, denn die Vorbereitung ist langwierig, und Sie müssen üben, bis der Arzt kommt. Aber es lohnt sich, denn es handelt sich um einen echten Hammereffekt!

Was sehen die Zuschauer?

Sie wählen aus einem Rosenstrauß eine weiße Rose und zupfen aus dieser ein einzelnes Blütenblatt heraus. Dieses Rosenblatt legen Sie nun auf einen Fächer und bringen es mit fächelnden Bewegungen zum Hüpfen. Langsam beginnt sich das Rosenblatt zu verwandeln. Es wächst ... nein, es mutiert! Es verwandelt sich vor den Augen der begeisterten Zuschauer in ein Ei. Jawohl, in ein echtes Ei!!! Zum Beweis nehmen Sie das Ei vom Fächer und schlagen es in ein Glas auf. Das Wunder ist perfekt.

Wie bereiten Sie sich vor?

Völlig klar, dass es diesen bombastischen Effekt nicht geschenkt gibt. Um den Trick zu präparieren, nehmen Sie ein Ei und blasen es aus. Wie zu Ostern, nur dass Sie gern etwas größere Löcher machen dürfen, damit der Trick später gut aussieht und besser funktioniert. Jetzt nehmen Sie die verbliebene Eierschale und stecken sie über Nacht in Essigreiniger – die Säure wird die unbehandelte Schale des Eis komplett auflösen (siehe auch »Warum eigentlich Zähneputzen?« in Kapitel 64).

Wer denkt, dass jetzt nur eine milchige Flüssigkeit im Glas verbleibt, der irrt, denn die zarte Eierhaut schwimmt putzmunter und unversehrt in der Brühe. Und das Beste: Sie hat immer noch dieselbe äußere Form wie das Ei. Nun fischen Sie die Haut aus dem Glas und waschen sie vorsichtig in einer Wasserschale ab.

Danach muss die Haut noch etwas trocknen – allerdings darf sie nicht ganz austrocknen, denn sonst wird sie hart und spröde. Ich persönlich bewahre sie in einem geschlossenen Marmeladenglas zusammen mit einem feuchten Lappen auf. Auf diese Weise bewahrt die Haut immer etwas Feuchtigkeit, und ich kann den Effekt zehn- bis 20-Mal vorführen, ohne dass ich ständig Eier ausblasen muss. Aber weiter mit der Vorbereitung.

Anschließend drücken Sie die Eierhaut so zusammen, dass sie wie ein Rosenblatt aussieht. Meistens müssen Sie dann nicht mehr machen, als dieses falsche Rosenblatt zwischen den äußeren Rosenblättern zu platzieren. Mag kompliziert klingen, aber Sie machen das schon. Das Spezialblümchen kommt jetzt in eine Vase zu den anderen Rosen.

An einem anderen Ort, nicht einsehbar für die Zuschauer, platzieren Sie noch ein Glas und ein echtes weißes Ei, den Fächer stecken Sie sich in die Tasche. Und auf geht's!

Wie ziehen Sie die Nummer durch?

Sie wählen rein zufällig die präparierte Rose und reißen ihr ein Blatt aus – nämlich das Eierhaut-Blatt. Dann legen Sie das weiße Häutchen auf den Fächer und lassen es auf und ab hüpfen, wobei es immer wieder leicht auf den Fächer aufschlägt. Falls kein Fächer im Haus ist: Ein festes Stück Pappe tut's auch, es sieht nur etwas armselig aus. Durch die Löcher, die durch das Ausblasen entstanden sind, zieht das Fake-Blatt währenddessen automatisch Luft und bläht sich auf. Fächern Sie so lange weiter, bis das Blatt genauso aussieht wie ein echtes Ei. Und schön aufpassen, dass es nicht herunterrollt!

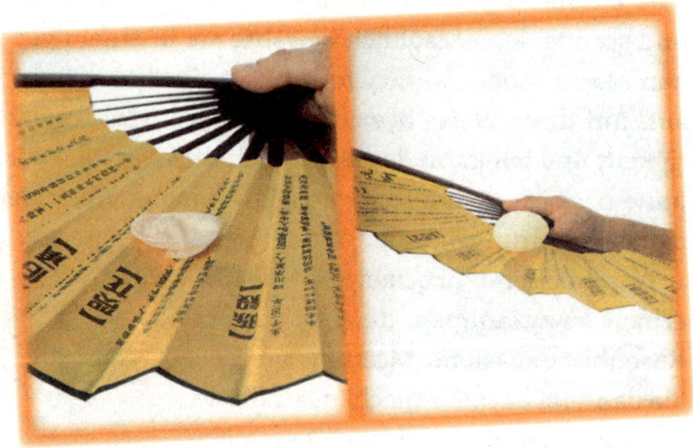

Nun greifen Sie mit der anderen Hand zum Glas unter dem Tisch, oder wo Sie es sonst versteckt haben. Sie nehmen erst das Ei und greifen dann mit derselben Hand das Glas. Ein festes Rotweinglas funktioniert am besten, denn Sie wollen das Ei ja gleich aufschlagen, und dabei darf das Glas nicht kaputtgehen. Außerdem eignet es sich aufgrund seines Stiels super: Dadurch können Sie das Glas elegant halten, ob-

wohl ein ganzes Ei in Ihrer Handfläche verborgen wird.

Sie geben einem Zuschauer das Glas und greifen sich anschließend das falsche Ei auf dem Fächer. Dabei legen Sie eigentlich nur das echte Ei auf das falsche, wobei es sich wieder komplett zusammendrückt.

Nehmen Sie jetzt das Ei und die Eierhaut direkt vom Fächer auf. Das sollte in einer fließenden Bewegung passieren und bedarf etwas Übung vor dem Spiegel. Sie legen nun den Fächer weg, und im selben Moment drehen Sie das Ei so, dass das Häutchen unauffällig in Ihrer Handfläche verbleiben kann. Danach zerschlagen Sie das Ei am Glas in der Zuschauerhand und werfen die zerbrochene Schale auch gleich ins Glas. Die Eierhaut können Sie diskret zusammenrollen und heimlich entsorgen. Oder Sie stellen die Rose zurück in die Vase, platzieren die Haut wieder an der Blüte und können den Trick direkt noch einmal vorführen. Toi, toi, toi beim Proben dieses wirklich spektakulären Effekts.

Ich hatte Sie gewarnt, dass die Sache aufwendig wird. Aber wenn sie dann klappt, kriegen sich die Zuschauer vor Begeisterung nicht mehr ein. Sie dürfen den Trick nur *niemals* verraten! Es sei denn, Sie heißen Konrad Stöckel und haben ein Buch geschrieben.

75

ERSTUNKEN UND ERLOGEN
DER PRÄHISTORISCHE KOSMETIKSALON

Dass ich zu intellektuell Höherem berufen bin, war mir schon sehr früh bewusst. Dagegen wurde Kevin Staschek aus Hackenstedt (Niedersachsen) erst im späten Alter von elf Jahren zum Star der Wissenschaft. Als er im Wald mal wieder einen Wachtelkönig mit seiner Zwille beschoss, fiel er in ein Erdloch, das sich als ausgedehnte Höhle entpuppte. Herbeigeeilte Forscher erkannten beim Anblick der prächtigen Wandmalereien sofort eine wissenschaftliche Sensation: Die Höhle hatte einst als prähistorischer Kosmetik- und Frisiersalon gedient.

Erstaunlich gut erhalten waren die Felszeichnungen mit der Angebotsübersicht:

- Waschen–Entflöhen–Legen
- Handgerupfter Fassonschnitt

Neben Hornhautraspeln und Blutegelziehen waren zudem verschiedene Wellness-Anwendungen im Programm:

- Entspannendes Auflegen von erhitzten Eichhörnchen auf den Wanst

→ 20 000 v. Chr. der neueste Schrei: Ganzkörper-Enthaarung, bei der nur Achselbehaarung und Bikinizone stehenbleiben

Diverse Fundstücke verrieten einen bemerkenswert hohen Standard der Körperpflegetechnik. Eine enge Ecke hatte als eine Art Trockenhaube gedient, in der die Haare mithilfe von Zugluft und einer Pechfackel getrocknet wurden. Handwerklich perfekt ausgeführt war auch eine Wasserpfütze, die als Spiegel verwendet worden war. Das Modell einer Faustkeil-Schere dagegen schien weniger ausgereift, wie mehrere abgetrennte Fingerknochen bewiesen.

Äußerst erstaunt waren die Forscher auch über die Zeitschriften im Wartebereich, darunter Frauenmagazine mit Beerensammeltipps und Schnittmusterbogen für das modische Vernähen von Wildschweinfellen. Für die Steinzeit-Männchen lag ebenfalls Lesestoff bereit. Zu den diesbezüglichen Sensationsfunden zählte eine vollständige Ausgabe der *Auto – Motor – Mammut*.

Das in einem hohlen Stein gefundene ausgelassene Frettchenfett war möglicherweise als Haarfestiger verwendet worden. Vorläufige Forschungsergebnisse legen nahe, dass das Produkt für die Steinzeit-Weibchen gedacht war: Wer täglich an den Haaren in eine andere Höhle gezerrt wird, muss auf die Haltbarkeit seiner Frisur achten. Dagegen bleibt ungeklärt, ob es sich bei einem in unnatürlicher Pose aufgefundenen Frisörskelett um den ersten versteinerten Homosexuellen handelt.

EINZINKIGER KAMM ODER PRÄHISTORISCHE AKUPUNKTURNADEL? FORSCHER SIND UNEINS.

Meine persönliche Meinung: Die Ernährungssituation in der Steinzeit war traurig, und unsere Vorfahren waren dementsprechend viel zu dünn. Darum fehlen bei den Höhlenmalereien Hinweise auf das edelste aller Schönheitsideale: den stattlichen Körperumfang. Wurst sei Dank hat die Menschheit das inzwischen hingebogen.

EXPERIMENT
DER UNSICHTBARE KOPFHÖRER

»Sachen gibt's, die gibt es gar nicht«, dachte ich, als mein Nachbar Markus zu mir herüberkam, um mir von Richard Lee zu berichten. Der Amerikaner hatte sich Magnete in die Ohren einpflanzen lassen, um seinen drohenden Hörverlust mittels Technik zumindest teilweise aufzufangen. Mit den Magneten in den äußeren Ohrenzäpfchen (Tragus) kann er kabellos Tonsignale hören, da er um seinen Hals eine Sendespule unter der Kleidung trägt. Sobald die elektrischen Signale durch die Spule fließen, entsteht ein magnetisches Feld, und die Schwankungen übertragen sich dank der »Lorentz-Kraft« als Schwingungsbewegung auf die Magnete. Praktisch jeder Lautsprecher funktioniert nach diesem Grundprinzip, nur dass sich normalerweise die Spule bewegt.

An der Spule hängt ein kleiner Verstärker, an den ein Abstandssensor angeschlossen ist (vergleichbar mit einer Auto-Einparkhilfe). Sollte Richard Lee vollständig erblinden, hat sich das Gehirn schon mal an die Geräuschverarbeitung gewöhnt, und er kann sich sicher durch den Alltag bewegen. Die Implantation beim Piercing- beziehungsweise »Body-Modification«-Experten erschien ihm also äußerst sinnvoll. Zudem sind ihm gleich noch ein paar nützliche Alternativanwendungen eingefallen: der Einsatz eines Richtmikrofons für Gespräche zwischen zwei weiter entfernten Personen, ein Geigerzähler als Warnung vor Radioaktivität und natürlich ein MP3-Player für Musik.

Markus und ich hatten spontan denselben Gedanken: »Das will ich auch!« Doch waren wir bereit für diese neuartige Technik, mit der wir noch nicht vertraut waren? Wollten wir wirklich eine Implantation? Sollten wir als Speerspitze des Bio-Hackings zu Magneto-Cyborgs mutieren? Natürlich nicht, zumal Markus gelernter Elektriker ist und bald die rettende Idee hatte: Man kann sich die Magneten ganz ohne OP auch einfach in die Ohren stecken. Glück gehabt.

Für das folgende Experiment kann es nicht schaden, wenn man schon mal einen Lötkolben in der Hand hatte und über etwas Geduld für kleine Elektronikarbeiten verfügt. Ich habe weder das eine noch das andere, aber dafür habe ich Markus. Leider gab es keine praktikable Anleitung für die Vorrichtung, und die Transistorgötter hatten vor den Erfolg eine längere Bastelei sowie das wiederholte Einatmen von Lötdämpfen gesetzt. Die erste Verstärkerschaltung haben wir komplett selbst gebaut, wobei »wir« bedeutet, dass Markus arbeitete und ich mit schlauem Gesicht danebensaß. Gut, immerhin durfte ich Spulen wickeln und Materialien zurechtlegen. Meine Idee, mit seiner Hightech-Lötstation ein »Trautes Heim – Glück allein« in den Holzrahmen seiner Tür zu brennen, fand er nicht so gut, aber das nur am Rande. Und die einzige Elektronik-Bastelregel, die mir spontan einfiel – »Rot ist Blau und Plus ist Minus« –, war auch keine Hilfe. Aber man muss ja nicht auf jedem Gebiet ein Experte sein.

Die Kopfhörer funktionierten auf Anhieb, und im Ohr liefen jetzt Right said Fred (*I'm too sexy*), denn an den Verstärker hatte ich meinen alten iPod angeschlossen. Leider war der Sound noch etwas zu leise, und so verabschiedeten wir uns von dem Prototyp und gingen erneut einkaufen. Die passenden Komponenten bekamen wir in einem Elektronik-Fachmarkt, der große Ähnlichkeit mit meinem Vornamen hat, und Sie selbst sollten diese Bezugsquelle durchaus auch in Betracht ziehen. Für die Endversion wählten wir dann ein fertiges Verstärkermodul, was die Sache wesentlich einfacher machte. Genau genommen, war das bereits der dritte Anlauf, weil der erste Verstärker mit 12 Watt immer noch zu schwach war. Ich hoffe, dass unsere Beschreibung einfach genug ist und Sie ohne Frust schnell Ihren ersten unsichtbaren Kopfhörer probehören können. Sollte irgendetwas schieflaufen, wenden Sie sich bitte an Markus, denn ich kann Ihnen sowieso nicht helfen.

Wie bastle ich mir unsichtbare Kopfhörer?

Den Kopfhörer können Sie für unter 25 Euro nachbauen, dazu brauchen Sie:

- 70 Meter Kupferdraht mit 0,25 Millimeter Dicke für die Spule
- Klebeband zum Umwickeln der Kupferspule
- zwei Neodym-Magnete, die angenehm in Ihr Ohr passen (Meine haben 14 Millimeter Durchmesser, ich habe sie unter den verwunderten Blicken des Verkäufers Probe getragen.)
- ein Verstärkermodul mit einer Output-Leistung von circa 40 Watt
- zwei 9-Volt-Block-Batterien
- Anschlüsse für die Batterien zur Stromversorgung des Verstärkers
- ein Kabel mit 3,5 Millimeter Miniklinkenstecker, damit Sie Ihren MP3-Player, Ihr Handy oder was auch immer anschließen können

Zuerst wickeln Sie aus dem Draht eine Spule. Wichtig ist, dass Ihr Kopf später durch die Spule passt, also achten Sie auf den Durchmesser. Am besten, Sie nehmen ein Stück Pappkarton und wickeln den Draht 80-mal um das Stück Karton.

Mein Pappstück war 40 Zentimeter breit – eine Umrundung hat also 80 Zentimeter, und bei 80 Umrundungen ergibt das 64 Meter Draht. Wenn Sie anfangen zu wickeln, lassen Sie den Anfang des Drahtes circa 80 Zentimeter herausstehen, damit Sie die Apparatur später am Gürtel befestigen können.

Nach der letzten Wicklung schneiden Sie den Draht wiederum 80 Zentimeter von der Spule entfernt ab und umwickeln die Spule mit Klebeband. Fertig.

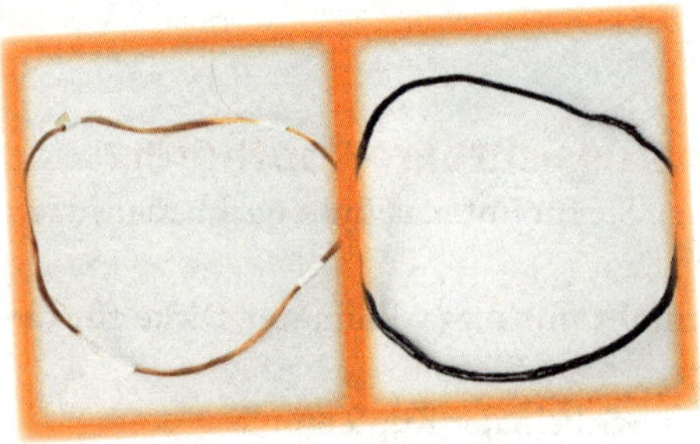

Nun müssen Sie die Batterien in Reihe schalten (dabei verdoppelt sich die Spannung auf 18 Volt). Legen Sie die Anschlüsse für die beiden 9-Volt-Batterien nebeneinander, und verzwirbeln (besser: verlöten) Sie die Drähte.

Nun schließen Sie das Batteriekabel an die Stromversorgung des Verstärkers an. Danach wird das Klinkenkabel bei INPUT angeschlossen und die Spule mit OUTPUT verbunden

(vorher kratzen Sie vorsichtig den Isolierlack vom Drahtende ab).

Fertig ist Ihr Kopfhörer. Einfach die Spule über Ihren Kopf legen, die Magnete ins Ohr stecken, die Batterien anschließen, den Player starten – und schon geht's los. Der Sound ist natürlich nicht so kristallklar wie der eines Hightech-Kopfhörers, aber ich fand ihn beachtlich. Wer in diesen Dingen versiert ist, kann sich natürlich auch eine elegante Gehäuselösung bauen, der Phantasie sind da kaum Grenzen gesetzt.

Übrigens: Keine Angst vor den Magneten im Ohr, denn die bekommen Sie ganz leicht mit einem Stahlgegenstand wieder herausgezogen. Ich selbst mache es immer mit einem Löffelstiel.

So sieht es aus, wenn sich die Magnete bei zu hoher Leistung in der Mitte treffen.

DIE GEFÄHRLICHSTEN SEITEN DES BUCHES

Das Forschen ist kein Ponyhof. Um eine Entdeckung oder eine Erfindung zu machen, sind kluge Menschen immer wieder an ihre Grenzen gegangen. Manchmal auch darüber hinaus, was dann nicht mehr ganz so klug war. Als mahnende Beispiele folgen hier die Namen einiger

Erfinder, die von ihren eigenen Erfindungen getötet wurden

Die Liste ist unvollständig und unsystematisch. Zugegebenermaßen habe ich sie nur unter dem Aspekt der Sensationslust zusammengestellt.

1010: Ismail ibn Hammad al-Jawhari sprang mit hölzernen Flügeln und einem Seil von einem Dach der Moschee in Nischapur in den Tod.

1863: Horace Lawson Hunley war Marineingenieur der Konföderierten Südstaaten von Amerika und erfand das erste Kampf-U-Boot. Bei einer Routineübung ging er mit seiner *CSS Hunley* unter.

1896: Der deutsche Flugpionier Otto Lilienthal starb, als er mit einem seiner Flugapparate abstürzte.

1903: William Nelson, ein Angestellter von General Electric, erfand ein neuartig motorisiertes Rad. Bei einer Testfahrt stürzte er vom Prototyp und stand nicht wieder auf.

1912: Der österreichische Schneider Franz Reichelt sprang mit seinem selbst genähten Fallschirmanzug von der ersten Plattform des Eiffelturms. Er verzichtete darauf, den Schirm vorher mit einem Dummy zu testen – keine gute Entscheidung, denn der Anzug funktionierte nicht. Ende Gelände.

1912: Thomas Andrews, einer der Chefentwickler der *Titanic*, versank mitsamt dem Schiff.

1921: Der russische Ingenieur Valerian Abakovsky hatte mit seinem »Aerowagon« ein schneidiges Schienenfahrzeug mit Flugzeugmotor und Propellerantrieb gebaut. Es war wohl etwas zu flott unterwegs, denn das Teil entgleiste bei hoher Geschwindigkeit und tötete alle Insassen – auch Abakovsky.

1934: Die Nobelpreisträgerin Marie Curie war Mitentdeckerin der Elemente Radium und Polonium. Sie war führend bei der Erforschung der Radioaktivität und starb an den langfristigen Folgen der Strahlung.

1945: Der Physiker Harry Daghlian, der an der Entwicklung der Atombombe mitarbeitete, experimentierte tollpatschig an einem Plutonium-Kern herum, sodass kurzzeitig die atomare Kettenreaktion zündete und einen Neutronen-Strahlenblitz erzeugte (dem furchtlosen Forscher war ein Bauteil aus der Hand gerutscht und auf den Kern gefallen). Der große Knall konnte gerade noch vermieden werden, aber Daghlian verstarb 25 Tage später.

1946: Derselbe Plutonium-Kern, dieselbe Tollpatschigkeit. Diesmal verursachte der Physiker Louis Slotin den Strahlenblitz, weil ihm bei einem riskanten Test dummerweise der Schraubenzieher abrutschte. Er segnete neun Tage später das Zeitliche. Den Kern nannte man daraufhin »Demon Core«, bei einem Atombombentest auf dem Bikini-Atoll funktionierte er dann wie gewünscht.

1973: Henry Smolinski gründete die Firma AVE, welche ein fliegendes Auto auf Basis eines Ford Pinto entwickelte. Der Amerikaner stürzte bei einem Testflug ab.

Selbstverständlich ist diese Liste in Wahrheit sehr viel länger, aber ich glaube, diese Beispiele sind aussagekräftig genug. Und Geschichten von Menschen, die Folter- oder Hinrichtungsarten entwickelten und sie dann selber ausprobieren durften, spare ich mir lieber.

Viel wichtiger ist sowieso, dass ich mich selbst mehrfach in große Gefahr begeben habe. Ich wünschte, ich hätte mir die folgenden Storys nur zur Belustigung ausgedacht – leider sind sie mir tatsächlich passiert.

Konrads Beinahetod Nummer eins

Mit 16 Jahren kaufte ich meinen ersten Pyrotopf, ein Gerät, mit dem man Konfetti und ähnliches Leichtgedöns in die Luft katapultiert. Stellen Sie sich ein circa 15 Zentimeter langes Rohr vor, das auf einer Plattform von zwei bis drei Zentimetern Durchmesser steht. Dieser Pyrotopf kann mit einer Fernsteuerung gezündet werden. In der Plattform sitzt ein Empfänger, der eine Glühkerze unten im Rohr aktiviert. Über der Kerze befindet sich der Treibstoff: Pyrowatte, auch Schießbaumwolle genannt. Die explosive Watte verbrennt nach dem Entzünden augenblicklich (sogar bei Abwesenheit von Luftsauerstoff) und treibt die darüberliegende Ladung aus dem Rohr.

Da ich den Pyrotopf nicht mit Konfetti im heimischen Garten ausprobieren wollte – manchmal ist es gut, sich nicht mit dem Obergärtner namens Papa anzulegen –, testete ich den Pyrotopf mit Steinen. Also erst die Pyrowatte ins Rohr gesteckt und dann die Steine obendrauf. Ich entfernte mich 15 Meter mit der Fernbedienung und zündete die Bombe. Doch es machte nur *peng*, ansonsten passierte nichts. Die Pyrowatte war hochgegangen, aber die Steinladung war nicht in die Luft geflogen – klarer Fall von zu schwacher Ladung.

Ich näherte mich dem Pyrotopf und schaute hinein. Im selben Moment, in dem ich ins leere Rohr guckte, prasselten die Steine auf meinen Körper nieder. Das Ganze hatte sehr viel besser funktioniert, als ich dachte – klarer Fall von zu starker Ladung. Einer der Steine traf mich am Hinterkopf, und die entstandene Narbe kann ich bis heute durch meine Lockenpracht fühlen. Ich kenne schönere Erinnerungen an die Jugendzeit, aber es hätte mich auch härter treffen können. Seit diesem Tag hantiere ich nur noch sehr sparsam und vorsichtig mit Pyrowatte. Übrigens unterliegt die Watte dem deutschen Sprengstoffgesetz. Ich persönlich weiß, warum.

Bei richtiger Anwendung ist ein Pyrotopf ungefährlich. Man darf nur nicht wie ich den Blödi machen.

Konrads Beinahetod Nummer zwei

Ein weiteres Missgeschick widerfuhr mir mit einem meiner damals neuen Spielzeuge: dem Tesla-Transformator. Dieser nach seinem Erfinder Nicola Tesla benannte Apparat dient der Erzeugung hochfrequenter Wechsel-Hochspannung, denn Teslas Ziel war die drahtlose Übertragung elektrischer Energie. Im Jahr 1901 wurde sogar auf Long Island der Wardenclyffe Tower gebaut, um ganz New York City mit »Funkstrom« zu beliefern. Schon 1917 wurde das Ding allerdings wieder abgerissen, einerseits aus Geldmangel und andererseits, weil die meiste Energie ineffizient und sinnlos in den Äther gepulvert wurde. Für Experimente ist das Ding aber super. Mein Trafo (ich fand ihn bei eBay) war derart leistungsstark, dass sofort sämtliche Neonröhren in meinem 20-Quadratmeter-Lagerraum anfingen zu leuchten. Faszinierend – und ein bisschen beängstigend.

Ich wollte das Gerät als Blitzerzeuger nutzen. Prinzipiell eine gute Idee, denn das Ding war so stark, dass es bis zu zwei Meter lange Blitze, also echte Plasmaentladungen in der Luft erzeugte. Für mich bestand absolut keine Gefahr, denn hochfrequente Hochspannung mit niedriger Leistung, wie die vom Tesla-Trafo, bleibt auf der Haut, geht also nicht gefährlich tief in den Körper.

Dachte ich zumindest. Eigentlich ist das wohl richtig, jedoch kommt es auch auf das Trafo-Modell an. Ich bekam jedenfalls den Stromschlag meines Lebens, als ich Idiot mich dem Transformator mit einer Neonröhre näherte. Vielen Dank auch, Herr Tesla!!!

Ich habe das todbringende Gerät dann schnellstmöglich weiterverkauft, denn Wikipedia verriet mir eine ganze Latte von weiteren Risikofaktoren:

- Lebensgefährliche Stromschläge bei zu dichter Annäherung an hochspannungsführende Teile (das wusste ich ja bereits …)
- Punktuelle Verbrennungen bei Annäherung und Funkenschlag auf die Haut
- Schäden durch die Ultraviolettstrahlung der Entladung (Bindehautentzündung, Sonnenbrand, Hautkrebsgefahr)
- Schleimhautreizung und Atembeschwerden durch die Bildung von Ozon und Stickoxiden
- Bei ungünstigen Umständen werden hochfrequente Ströme auch durch die Herzgegend geleitet. Dann besteht die Gefahr von Kammerflimmern.
- Durch Abstrahlungen im Lang- und Mittelwellenbereich können Funkverkehr und Rundfunkempfang gestört werden. (Vielleicht sollte ich mich noch nachträglich bei den Nachbarn entschuldigen.)

DIESER TESLA-TRAFO WOLLTE MICH TÖTEN. ES WAR WAS PERSÖNLICHES ZWISCHEN UNS.

Konrads Beinahetod Nummer drei

Als Fat King Konrad mute ich dem Publikum teilweise sehr harte Effekte zu und präsentiere alte Sideshow-Kunst, die man hierzulande auch als Jahrmarktattraktions-Kunst bezeichnet. Daher fand ich es ziemlich reizvoll, mal einen besonders bizarren Effekt zu zeigen: Ich wollte die Show mit meinem Tod beenden und mich auf der Bühne erhängen – ein Trick, den viele Sensationskünstler vergangener Tage auf Lager hatten. Früher führten sich diese Menschen Stahlröhren in die Luft- und Speiseröhre ein, um den Nacken zu versteifen und weiter atmen zu können. Da bevorzugte ich doch eher die Variante mit einem Korsett unter der Kleidung.

Der Hängepunkt war hinten am Hals, und durch den Galgenstrick hatte ich ein Stahlseil geführt. So musste ich mir nur – auf der Leiter stehend – den Strick über den Kopf ziehen und per Karabinerhaken das Stahlseil aus dem Strick mit dem Hängepunkt des Korsetts verbinden. Zusätzlich benötigte ich schwere Schuhe, um die leichte Schieflage auszugleichen. Als ich von der Leiter sprang, wurde die gesamte Kraft von dem Korsett abgefangen, und die Schlinge zog sich selbstverständlich *nicht* zu. Die Zuschauer waren natürlich angemessen geschockt, aber dafür hatten sie ja auch bezahlt.

Eines Tages fragte mich ein großer deutscher Fernsehsender, ob ich mir vorstellen könnte, diesen Trick auch in einem Wald vorzuführen. Dummerweise willigte ich ein. Tja, es kam, wie es kommen musste: Der Karabinerhaken platzte, und somit hatte ich mich versehentlich wirklich erhängt. Zum Glück nahm der Haken noch die erste Wucht des Falls auf, bevor er kaputtging, sonst hätten Sie dieses schöne Buch nicht kaufen können. An dieser Stelle möchte ich erneut dem Kameramann danken, der eigentlich durch den Sucher die eingeschränkteste Sicht von allen hatte und trotzdem bemerkte, dass irgendwas brutal schiefgegangen war. Er eilte mir sofort zur Hilfe, um mich zu stützen. Danke. Dankedankedanke! Womöglich hätte ich zur Sicherheit Teleskopschuhe anziehen sollen …

Liebe Kinder, all dies solltet Ihr auf gar keinen Fall nachmachen. Das ist ausnahmsweise mal mein voller Ernst.

Haut rein!
Euer Konrad

DANK

So liebe Leute, das war's. Schluss, aus, vorbei. Ich hoffe, Ihnen hat mein Buch gefallen und wir sehen uns vielleicht mal bei einer meiner Shows. Wenn Sie noch irgendwelche Fragen haben, können Sie mir gern schreiben, zum Beispiel über meine Hompage www.konrad-stoeckel.de oder schreiben Sie mir auf Facebook. Einige Tricks und Experimente muss man einfach live sehen, deshalb werde ich in meinen eigenen kleinen Studio einiges für Sie filmen. Falls Sie also nicht alles Nachbasteln wollen, finden Sie die Videos bald auch über die soeben genannten Webseiten.

Nun möchte und muss ich mich noch Bedanken. Zu allererst bei meiner Freundin, die es mit mir aushält und die mir den Rücken besonders beim Abschluss dieses Buches frei gehalten hat. Danke Dir auch für das größte Glück meines Lebens, unsere Tochter.

Weiterer Dank geht an meinen langjährigen Freund, den Autoren und Umstellungskönig Daniel Schmidtmann, der mir mit Rat und Tat und Wort zur Seite stand.

Die meisten Fotos dieses Buches hat eine weitere gute Freundin von mir gemacht. Danke, für die vielen Stunden die wir zusammen in deinem Studio verbrachten und Dein Engagement, liebe Julia Zenk. Ich dachte wir schaffen die Bilder an drei Tagen ... nun waren es doch acht Tage. Sorry, ich mach das wieder gut.

Einige Live-Bilder hier im Buch sind von meinem Hoffotografen Ralf Deifuß-Bartei, dem ich auch für seine langjährige Treue und Hilfsbereitschaft hier danke sagen möchte.

Danke an meine Freunde Ariane, Thomas, Meike, Markus, Gina, Helmut, Andreas, Paulo Pussy, Andre, Asfalt, Jörg, Katrin und alle die ich vergessen haben sollte.

Wow, was für eine Zeit. So lange wie an diesem Buch habe ich noch nie an einer Sache gearbeitet. Danke, dass Sie mein Buch gekauft haben.

BILDNACHWEIS

Seite 34: ©Uwe Ernst, NDR Talkshow
Seite 36: Illustration von Daniel Schmidtmann
Seite 37: Illustration von Sascha Holst (Sushi)
Seite 83 ff.: ©NDR Wissenschaftsmagazin »plietsch!«
Seiten 71, 88: ©Ralf Dreifuss Bartei
Seite 78: ©Markus Vogelbacher / pixelio.de
Seite 253: ©Arthur S. Aubry, Kollektion: Stockbyte, Getty Images
Seite 178 oben: ©Mark Vasey Designs Ltd, iStockphoto
Seite 178 unten: ©Nicolaas Traut, 123RF
Seite 179 oben: ©Andrea Zanchi Photography, iStockphoto
Seite 179 unten: ©Pavel Losevsky, 123RF
Seite 63: ©Joe Gough, iStockphoto
Seite 64 oben: ©Tkosachev, iStockphoto
Seite 128: ©lolloj, iStockphoto
Seite 129 unten: ©spearcube, iStockphoto
Seite 242 f.: Illustrationen von Daniel Schmidtmann

Für alle anderen Bilder danken wir Julia Zenk.

PIPER

Richard P. Feynman
Sechs physikalische Fingerübungen

Aus dem Amerikanischen von Inge Leipold. 209 Seiten mit 47 Fotos und Abbildungen. Piper Taschenbuch

Der geniale Physiker Richard P. Feynman galt bei seinen Kollegen und bei Studenten auch deshalb als Ausnahmeerscheinung, weil er ein begnadeter akademischer Lehrer war. Es machte ihm einfach Spaß, anderen etwas beizubringen. Zum Glück wurden viele seiner Vorlesungen mitgeschnitten und später veröffentlicht. Die »Vorlesungen über Physik« etwa, die er zwischen 1961 und 1963 am California Institute of Technology gehalten hat, sind legendär. Sie haben, so sagen Fachleute, weltweit den Physikunterricht einschneidend verändert.
»Sechs physikalische Fingerübungen« – das sind die Kapitel aus seinen Vorlesungen, die am ehesten auch für Nichtphysiker zugänglich sind. Feynman stellt darin locker und verständlich folgende Themen vor: Atome in Bewegung, Grundlagenphysik, das Verhältnis der Physik zu anderen Wissenschaften, der Erhaltungssatz der Energie, die Gravitationstheorie, das Verhalten der Quanten.

01/1033/03/R

PIPER

Jane Hawking

Die Liebe hat elf Dimensionen

Mein Leben mit Stephen Hawking. Übersetzung aus dem Englischen von Ralf Pannowitsch und Christiane Wagler. 447 Seiten. Gebunden

»Beim Reden gestikulierte er mit langen, dünnen Fingern. Das Haar fiel ihm über die Brillengläser ins Gesicht, und er trug ein staubig samtschwarzes Jackett und eine Fliege aus rotem Samt.« Als Jane Wilde Stephen Hawking auf einer Neujahrsparty 1963 kennenlernt, ist der extravagante, blasierte Student aus Oxford bereits schwerkrank. Die beiden heiraten, obwohl Stephens Lebenserwartung damals nicht einmal zwei Jahre beträgt. Aber es folgen 25 gemeinsame Jahre: Jahre, in denen Jane ein Schattendasein führt, im Wissenschaftsbetrieb der damaligen Zeit nur als Beiwerk geduldet.
Zugleich pflegt sie ihren Mann rund um die Uhr, bekommt drei Kinder mit ihm und erwirbt dazwischen selbst den Doktortitel. Jane Hawking erzählt vom verzweifelten Kampf um Selbstbehauptung, von der Liebe zu einem Mann, in dessen verfallendem Körper der vielleicht größte Geist unserer Zeit steckt, vom bitteren Showdown ihrer Ehe – und zuletzt von Versöhnung und der Macht der Freundschaft.

01/2022/01/R

Richard Benson

Der verschimmelte Reiter

Die blödesten Antworten auf Prüfungsfragen. Übersetzung aus dem Englischen von Viola Krauß. 256 Seiten. Piper Taschenbuch

Frage: Was sind die fünf Sinne des Menschen?
Antwort: Blödsinn, Schwachsinn, Wahnsinn, Unsinn!

Wenn sich Theodor Storms Schimmelreiter in einen angeranzten Gaul verwandelt und ein Lowbrainer den nächsten jagt, übt sich die »Generation Doof« mal wieder im kollektiven Runterdummen. Die lustigsten Glanzleistungen intellektueller Tiefflieger in Prüfungen, Klausuren und Tests in einem Buch!

Frage: Die Einwohner Moskaus nennt man?
Antwort: Moskitos!

05/2764/01/L

Bastian Bielendorfer

Lebenslänglich Klassenfahrt

Mehr vom Lehrerkind. 320 Seiten. Piper Taschenbuch

»Bastian Bielendorfer ist eine echte Entdeckung«
Frank Plasberg

Immer wenn Basti die Riemen seines Wanderrucksacks in die speckigen Ärmchen schneiden, wird es lustig – für die anderen. Denn der Spion des Lehrerzimmers ist auch jenseits des Schulhofs so beliebt wie ein alter Mettigel. Macht aber nichts, denn nur einer kann so schön allein in Zweierreihen gehen …

In seinem neuen Buch verbringt Lehrerkind Bastian Bielendorfer unbequeme Nächte in 0,5-Sterne-Jugendherbergen, verliebt sich in eine Austauschschülerin und geht als fleischige Skisupernova in die Geschichte der Alpen ein.

05/2765/01/R

Rebecca Niazi-Shahabi

Nett ist die kleine Schwester von Scheiße

Danebenbenehmen und trotzdem gut ankommen. 288 Seiten. Piper Taschenbuch

»Weniger ist mehr« gilt vielleicht für die Farbwahl der Abendgarderobe – nicht aber für das anschließende Geschäftsessen. Wer sich immer brav im Hintergrund hält und verbindlich lächelt, hinterlässt außer einem lauwarmen Händedruck bestimmt keine weiteren Spuren. »Nett ist die kleine Schwester von Scheiße« zeigt, dass Charisma erlernbar ist, wie Charme perfekte Manieren ersetzt, und verrät die Geheimnisse prominenter Provokateure. Eine Kulturgeschichte des schlechten Benehmens, die Eindruck macht!

05/2663/01/L

Florian Bredl

Kunden aus der Hölle

Irrsinniges aus der Service-Welt. 160 Seiten. Piper Taschenbuch

Unfreundlich, unverschämt, nervig, dumm oder schlicht verrückt? Jeder Verkäufer, Berater und Callcentertelefonist kennt sie: Kunden aus der Hölle. Ihre Mission: unnütze Arbeit verursachen, Zeit stehlen, Nerven rauben. Ihre Methoden: Zermürbung, Verwirrung, Fragefolter. Das einzige Gegenmittel: Lachen. Das erste Buch, das den Irrsinn der Service-Welt aus der Sicht der Leidtragenden schildert.

05/2697/01/R

Karl Kruszelnicki

Warum Enten Dialekt sprechen

und andere kuriose Phänomene aus der Wissenschaft. 240 Seiten. Piper Taschenbuch

»Klüger werden mit Karl Kruszelnicki.«
Der Spiegel

Bekommt man von Schokolade Pickel?
Können Kamele in ihren Höckern Wasser speichern? Und hemmt Fernsehen tatsächlich unser Wachstum?

Der Physiker und Wissenschaftskomödiant Karl Kruszelnicki geht in seinem Buch den unglaublichsten naturwissenschaftlichen Fragen auf den Grund und räumt auf mit Mythen und Legenden – verständlich, kompetent und unterhaltsam.

05/2767/01/L

Richard P. Feynman

Es ist so einfach

Vom Vergnügen, Dinge zu entdecken. Herausgegeben von Jeffrey Robbins. Vorwort von Freeman J. Dyson. Aus dem Amerikanischen von Inge Leipold. 288 Seiten. Piper Taschenbuch

Der legendäre Physik-Nobelpreisträger tritt in diesem Buch als vielseitige und komplexe Persönlichkeit auf: als leidenschaftlicher Wissenschaftler, aufrichtiger Denker, genialer Lehrer, als liebenswürdiger Mensch und nicht zuletzt als Spaßmacher. Es ist ein Genuß, Feynman zu lesen, ganz gleich, ob er über Physik, das Computerzeitalter, den Zweifel in der Wissenschaft, über Philosophie oder Religion schreibt.

»Halb Genie, halb Clown … Stets spielte er mit Ideen, doch das, was wirklich für ihn zählte, nahm er immer ernst.«
Freeman J. Dyson

05/1865/02/R